世界古典建筑艺术

EUROPEAN CLASSICAL ARCHITECTURAL DETAILS

欧洲古典建筑细部

SCAN EUROPEAN CLASSICAL ARCHITECTURAL DETAILS' CHARM

透视欧洲古典建筑细部的魅力

（四）

浪漫主义、折衷主义

聚艺堂文化有限公司 编著

中国林业出版社
China Forestry Publishing House

图书在版编目（CIP）数据

欧洲古典建筑细部. 4 / 聚艺堂文化有限公司 编著. -- 北京：中国林业出版社, 2013.1

ISBN 978-7-5038-6934-1

Ⅰ. ①欧… Ⅱ. ①聚… Ⅲ. ①古典建筑—建筑设计—细部设计—欧洲—图集 Ⅳ. ①TU-883

中国版本图书馆CIP数据核字(2013)第011644号

中国林业出版社 · 建筑与家居出版中心

责任编辑：纪　亮　李丝丝　李　顺

出版：中国林业出版社（100009 北京西城区德内大街刘海胡同 7 号）
网址：www.cfph.com.cn
E-mail：cfphz@public.bta.net.cn
电话：（010）8322 5283
发行：新华书店
印刷：北京利丰雅高长城印刷有限公司
版次：2013年5月第1版
印次：2013年5月第1次
开本：230mm×305mm　1/16
印张：14
字数：150千字
本册定价：249.00 元（全套定价：996.00元）

前言

欧洲古典建筑有两种含义，从广义上讲，是指工业革命以前以建筑外立面形式为主要设计出发点的建筑。从狭义上讲，古典建筑是指古希腊和古罗马时期的以柱式为主要设计出发点的建筑，和以后的其他建筑样式相区别。

重视柱式的运用成为古希腊建筑的最大特色。主要类型有多立克柱式、爱奥尼柱式和科林斯柱式。多立克式的“大肚皮”式柱身和无底座的基底显得它古朴庄重，运用于多个大型神庙建筑；爱奥尼柱式的涡卷饰柱头和修长精致的柱身柔美秀丽；科斯林式卷叶式让柱式的发展达到了顶峰，展现傲人的华丽。这些柱式在不断向华美精致的方向发展的同时，也作为古希腊建筑的结构之一。

古罗马建筑的最大成就是光辉的券拱技术（这也与当地盛产天然混凝土是分不开的，其主要成分是一种活性火山灰）。古罗马在伊特鲁里亚和希腊的建筑基础上发展了梁柱与拱券结构技术。种类有：筒拱、交叉拱、十字拱、穹隆（半球）。创造出一整套复杂的拱顶体系。罗马建筑的布局方式、空间组合、艺术形式都与拱券结构技术、复杂的拱顶体系密不可分。

虽然这两个时期建筑的发展在欧洲建筑发展史上有着光荣的、无可替代的地位，但毕竟还只是开始，由于材料、技术以及其他因素的限制，那个时代创造的建筑很少，能够留存到今天让我们去探索和研究的更是屈指可数，因此，在这本书里我们还是愿意从广义的角度来探讨欧洲古典建筑的发展，以及不同时期不同建筑的风格特点。鉴于资源有限，我们不可能完整全面地将欧洲建筑的发展和成就全部呈现给大家，但至少我们能够让大家通过这本书的介绍，能更深刻的领会到：任何伟大的创举，它都是继承了前人类的智慧和思想不断发展升华得来的。正如古罗马建筑技术的发展，正是有了古希腊建筑的成就，才造就古罗马建筑的辉煌。之后的拜占庭建筑、罗曼式建筑、哥特式建筑、文艺复新建筑、巴洛克建筑等等，无一不是遵循这一规律。有了这样的认识，在今后的研究创作中，我们才能够更清楚地去看待继承与发展、创造与传承的关系。

欧洲人有句谚语：“光荣归于希腊，伟大归于罗马”。那么在我们所处的这个时代，我们将要创造怎样的光荣？我们又能拥有怎样的伟大？这需要我们共同努力。让我们一起期待！

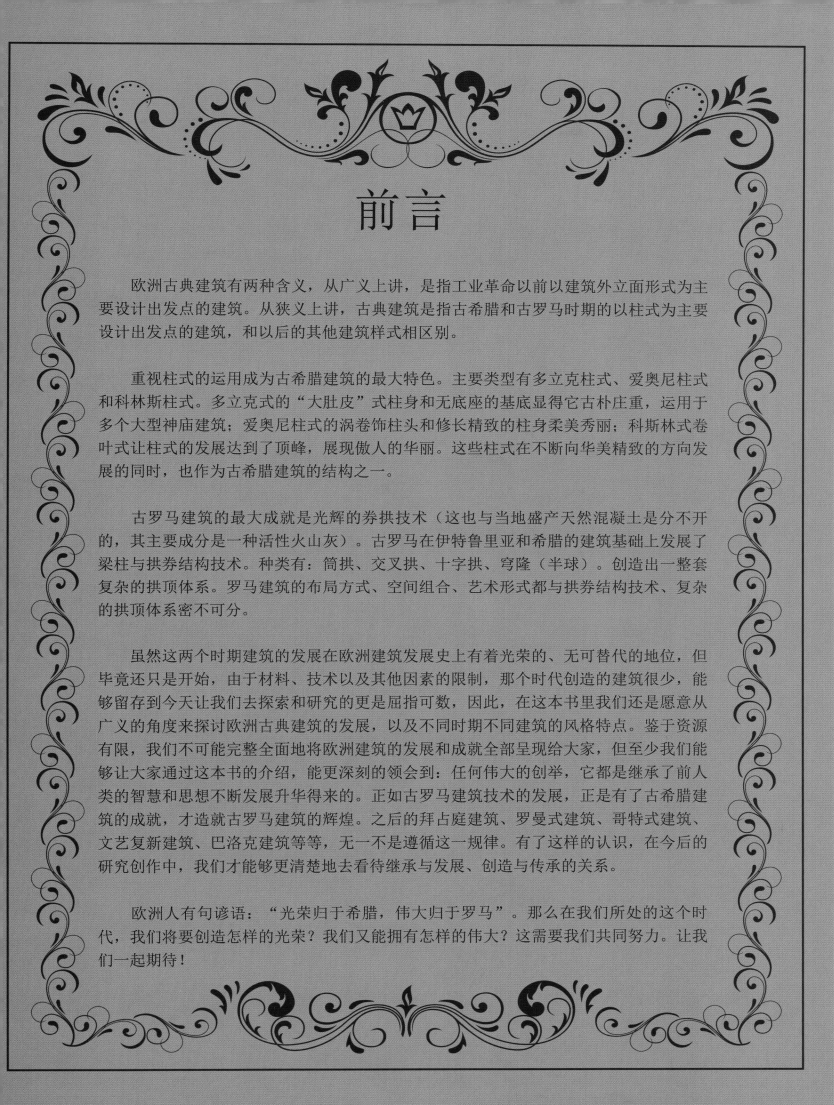

目录

浪漫主义建筑

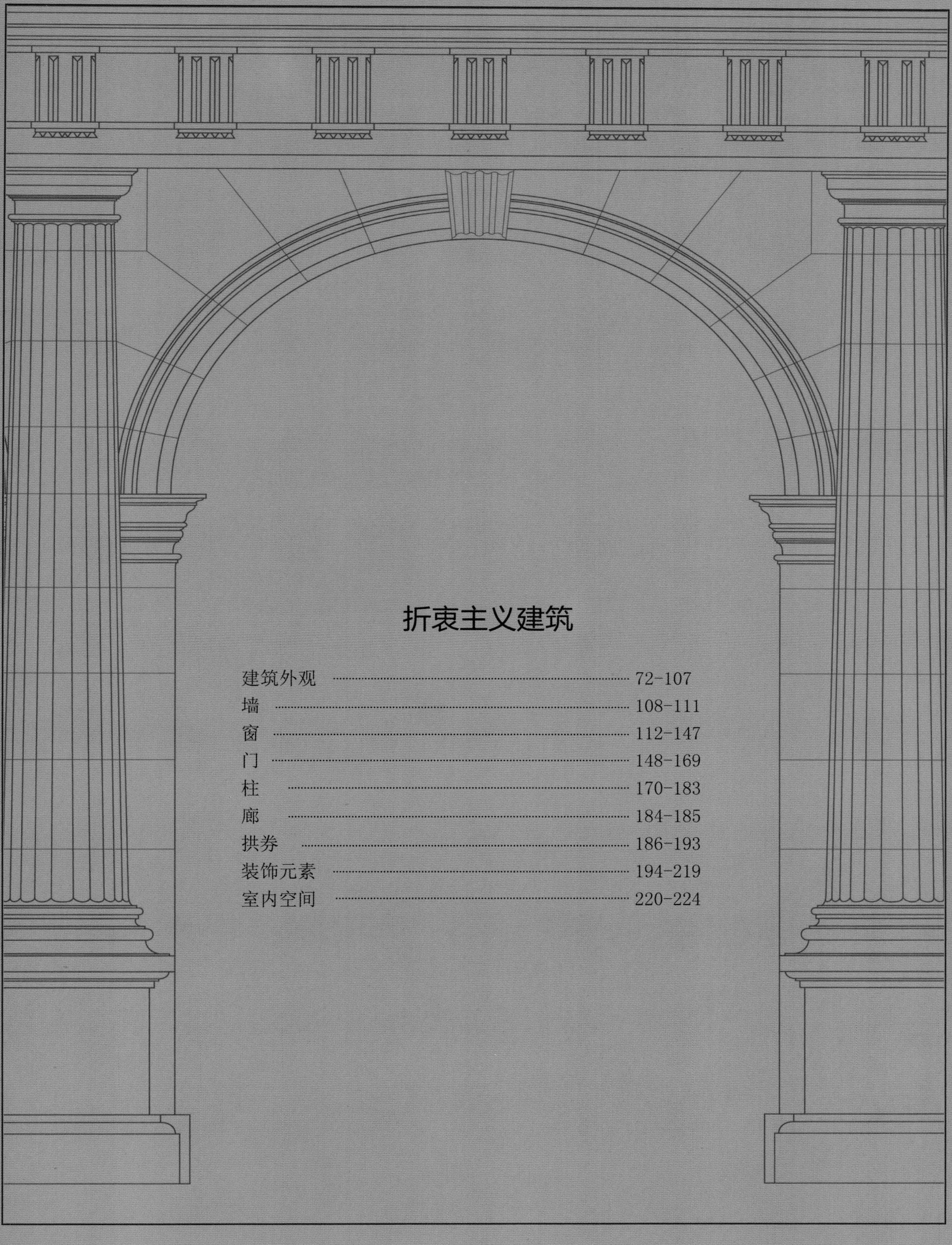

折衷主义建筑

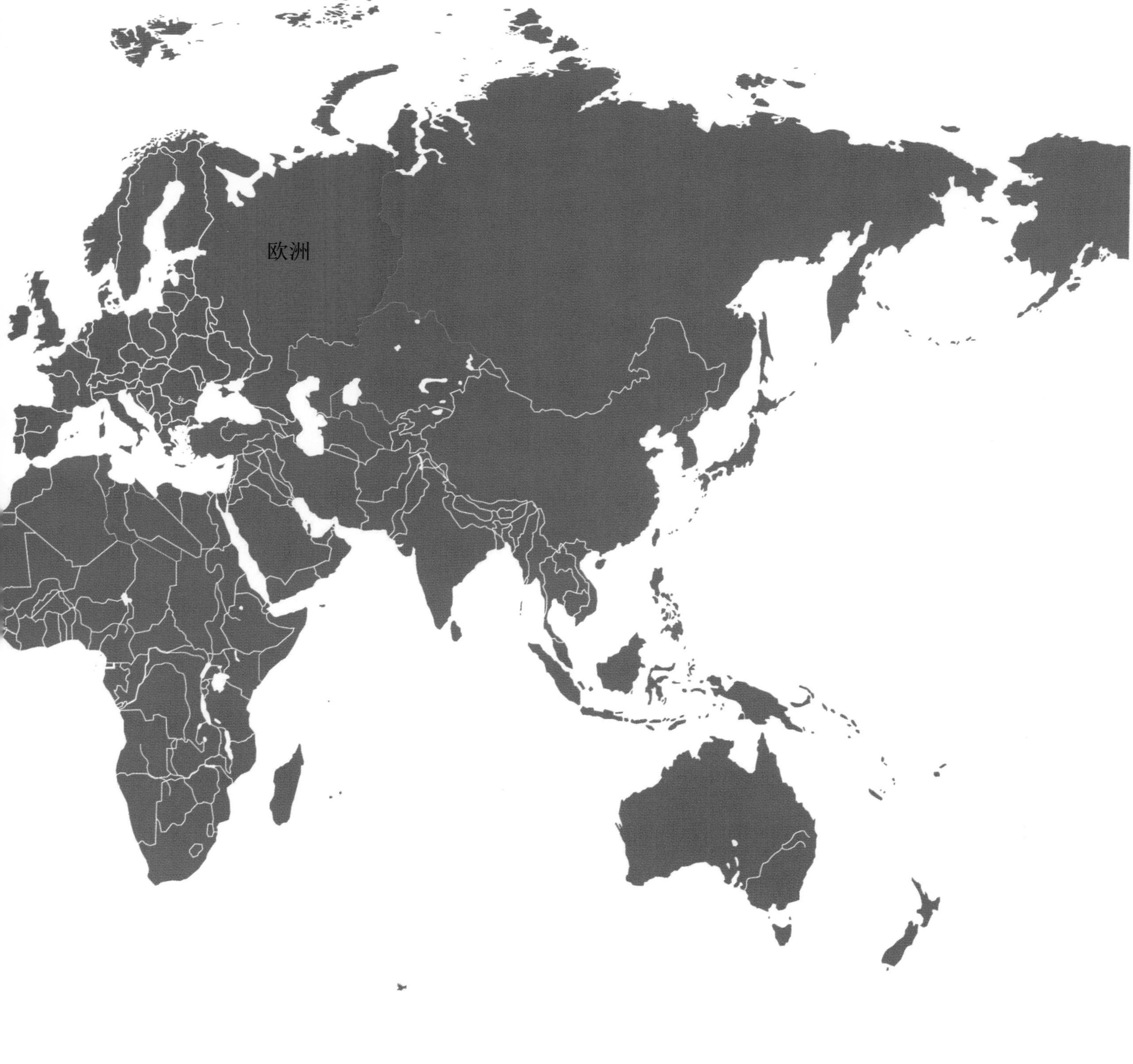
欧洲

ROMANTICISM
浪漫主义建筑

《欧洲古典建筑细部》

ARCHITECTURE

浪漫主义建筑

（时间：公元18世纪下半叶～19世纪下半叶）

概貌

浪漫主义建筑是18世纪下半叶到19世纪下半叶，欧美一些国家在文学艺术中的浪漫主义思潮影响下流行的一种建筑风格。浪漫主义代表作——英国议会大厦。浪漫主义在艺术上强调个性，提倡自然主义，主张用中世纪的艺术风格与学院派的古典主义艺术相抗衡。这种思潮在建筑上表现为追求超尘脱俗的趣味和异国情调。

18世纪60年代至19世纪30年代，是浪漫主义建筑发展的第一阶段，又称先浪漫主义。出现了中世纪城堡式的府邸，甚至东方式的建筑小品。19世纪30～70年代是浪漫主义建筑的第二阶段，它已发展成为一种建筑创作潮流。由于追求中世纪的哥特式建筑风格，又称为哥特复兴建筑。

英国是浪漫主义的发源地，最著名的建筑作品是英国议会大厦（1836～1868年，见图）、伦敦的圣吉尔斯教堂和曼彻斯特市政厅(1868～1877年)等。浪漫主义建筑主要限于教堂、大学、市政厅等中世纪就有的建筑类型。它在各个国家的发展不尽相同。大体说来，在英国、德国流行较早较广，而在法国、意大利则不太流行。美国步欧洲建筑的后尘，浪漫主义建筑一度流行，尤其是在大学和教堂等建筑中。耶鲁大学的老校舍（1883～1884年）就带有欧洲中世纪城堡式的哥特建筑风格，它的法学院(1930年)和校图书馆(1930年)则是典型的哥特复兴建筑。

特点

浪漫主义始于18世纪下半叶的英国，18世纪60年代到19世纪30年代是它的早期（又称先浪漫主义时期）。早期浪漫主义带有旧封建贵族追求中世纪田园生活的情趣，以逃避工业城市的喧嚣。在建筑上则表现为模仿中世纪城堡或哥特式风格，还表现为追求非凡的趣味和异国情调，有时甚至在园林中出现了东方建筑小品。19世纪30年代到70年代是浪漫主义的第二个阶段，是浪漫主义真正成为一种创作潮流的时期。这个时期浪漫主义的建筑常以哥特风格出现，也称之为哥特复兴。它富于宗教神秘气氛，适合于教堂建筑。哥特复兴式不仅用作教堂，而且也出现在一般市俗性建筑中，这反映了当时西欧一些人对发扬民族传统文化的恋慕，认为哥特风格是最有画意和神秘气氛，并试图以哥特建筑结构的有机性来解决古典建筑所遇到的建筑艺术与技术之间的矛盾。浪漫主义建筑最著名的作品是英国国会大厦。浪漫主义建筑和古典复兴建筑一样，并没有在所有的建筑类型中得以流行。主要限于教堂、学校、车站、住宅等方面。

代表

19世纪30～70年代，是英国浪漫主义建筑的极盛时期——哥特复兴时期，代表作英国国会大厦就建造于此时。国会大厦是英国的政治中心，它不仅外表雄伟壮观、内部装饰华丽，而且其建筑结构和内部设计也能充分地体现世界上最古老的君主立宪政体，同时也是泰晤士河上风景线的重点建筑物之一。

英国浪漫主义建筑的代表作。坐落于伦敦，又称新威斯特敏斯特宫，以区别于1834年焚毁的旧宫。1836年，古典主义建筑师C.巴雷爵士受命设计，1840年动工，60年代在其儿子E.M.巴雷主持下完成。浪漫主义建筑师A.W.N.普金被任命为巴雷爵士的助手，负责把这幢建筑物装饰成哥特式风格。国会大厦的平面基本是古典主义的格栅式。在纵横两个轴线的交点上设八角形的中央大厅。其南侧是上院，北侧是下院。两院都有大量的附属房间，包括办公楼、餐厅、图书室、休息室等，使用很方便。大厦的正面朝西，因照顾一些旧建筑物而不对称。东面濒临泰晤士河，长达267米，是古典主义式构图，对称而整齐，细节表现了垂直式哥特建筑风格的特点。北端的大钟塔高96米，南端的维多利亚塔高102米，两者的形式差别很大，强烈的对比造成了浪漫主义所追求的变化丰富的轮廓线。大厦全用灰色石块建造，采取传统的拱券结构方法。

恭賀聖誕

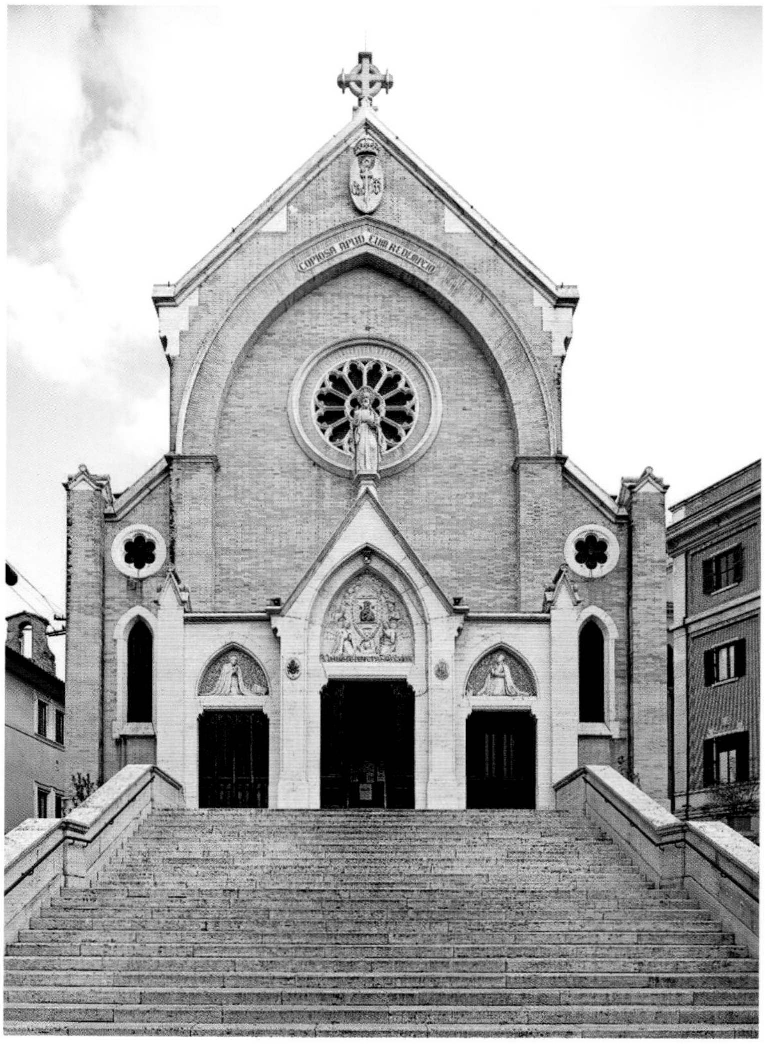

Ratskeller

Wiener Eistraum

KOENIGLICHES
MINISTERIUM DES INNERN

墙

墙：从属地位

在浪漫主义建筑中，墙实际上处于从属的地位，外立面上是大片的高窗和精美细致的雕刻装饰，墙体上有数不清的垂直线条，这些线条往往被分割成石块状，有的还故意留下凿刻的痕迹，这既起了装饰的作用，又将整面墙体的古典气息渲染得淋漓尽致。在墙的边缘或墙根处，配以凹凸有致的线条或小方块装饰，使整面墙体更具质感而不至于过于单调，其凹凸有致细节制胜。外墙则大部分为抹灰的石材砌筑，也有古朴的红砖墙，能让人感觉到久违的朴实和温暖。有些墙厚重，充分的体现了其庄严肃穆的气氛和意境。

窗

窗：尖券或圆券高窗

尖券和圆券高窗，富于变化，墙拐角处设有角塔，在塔顶上竖起高高的哥特式小尖顶，显得建筑物挺拔有力。带有尖顶的塔楼是一显著的标志，在中世纪动荡不安的环境里，塔楼成为重要的防御设施，浪漫主义建筑保留了这一典型建筑特征，不仅丰富了建筑造型，也成为活动空间的最高观赏点。窗户上木梁呈尖券状或圆券状，给人以神秘的气氛。细高的窗户，使整个建筑向上的动势很强，雕刻也极其细致丰富。而有些浪漫主义建筑也并非一味的追求高窗，有立面简单高度适中的窗户、也有圆形状花瓣窗户给人感觉温馨舒适。

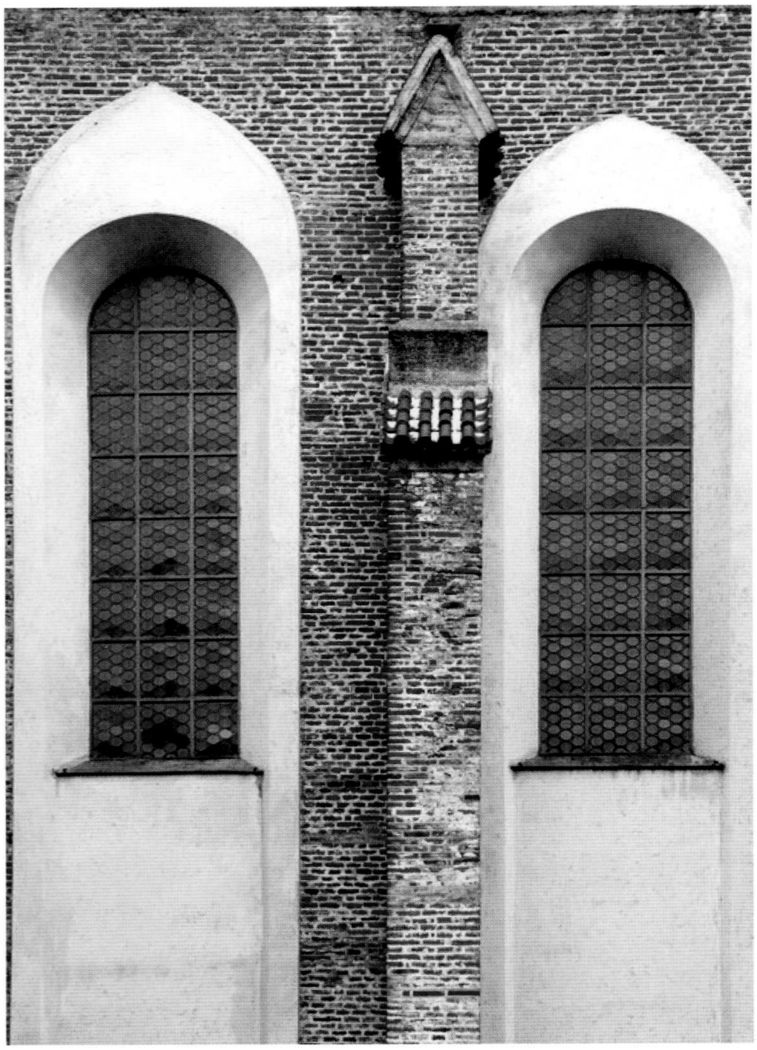

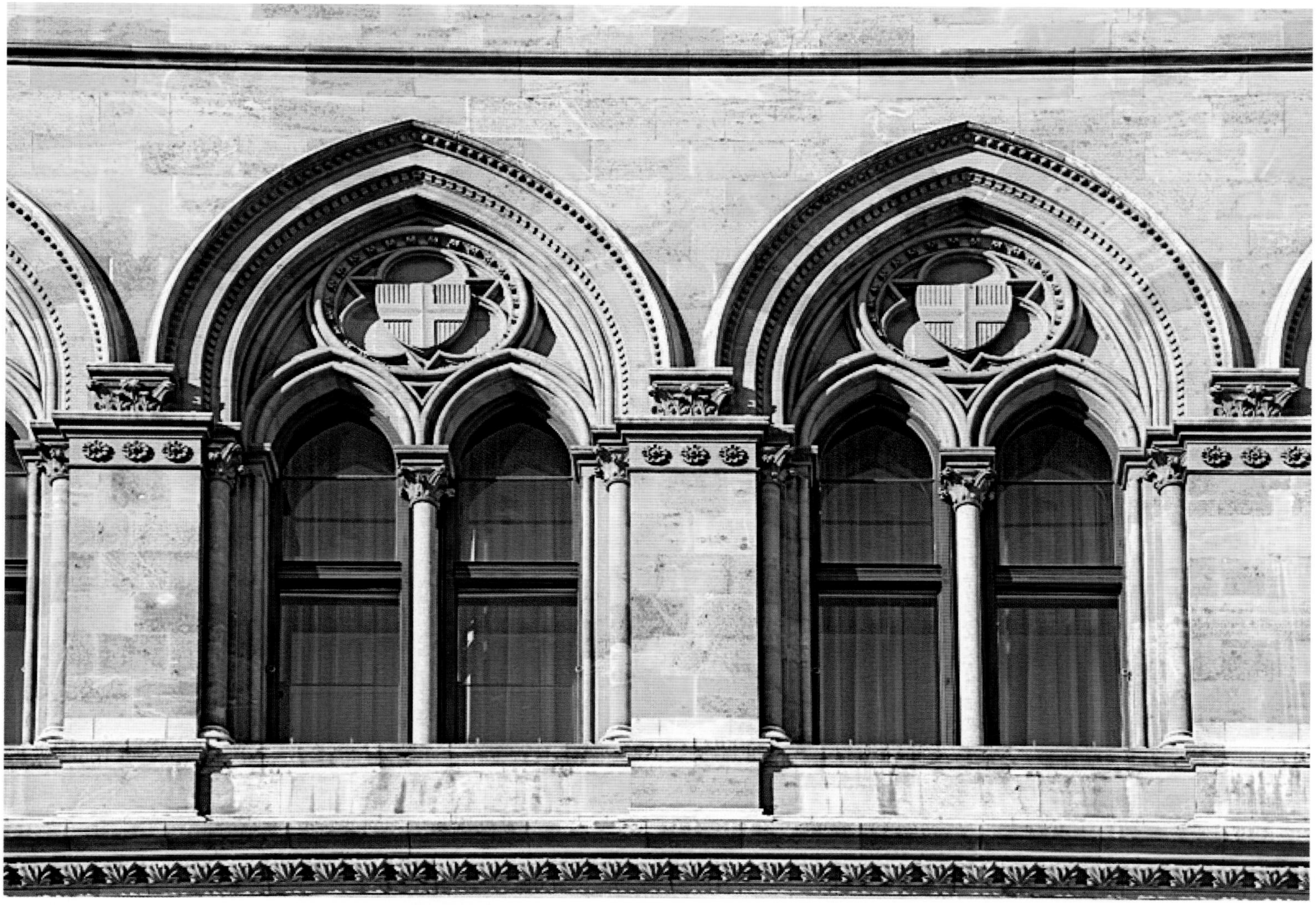

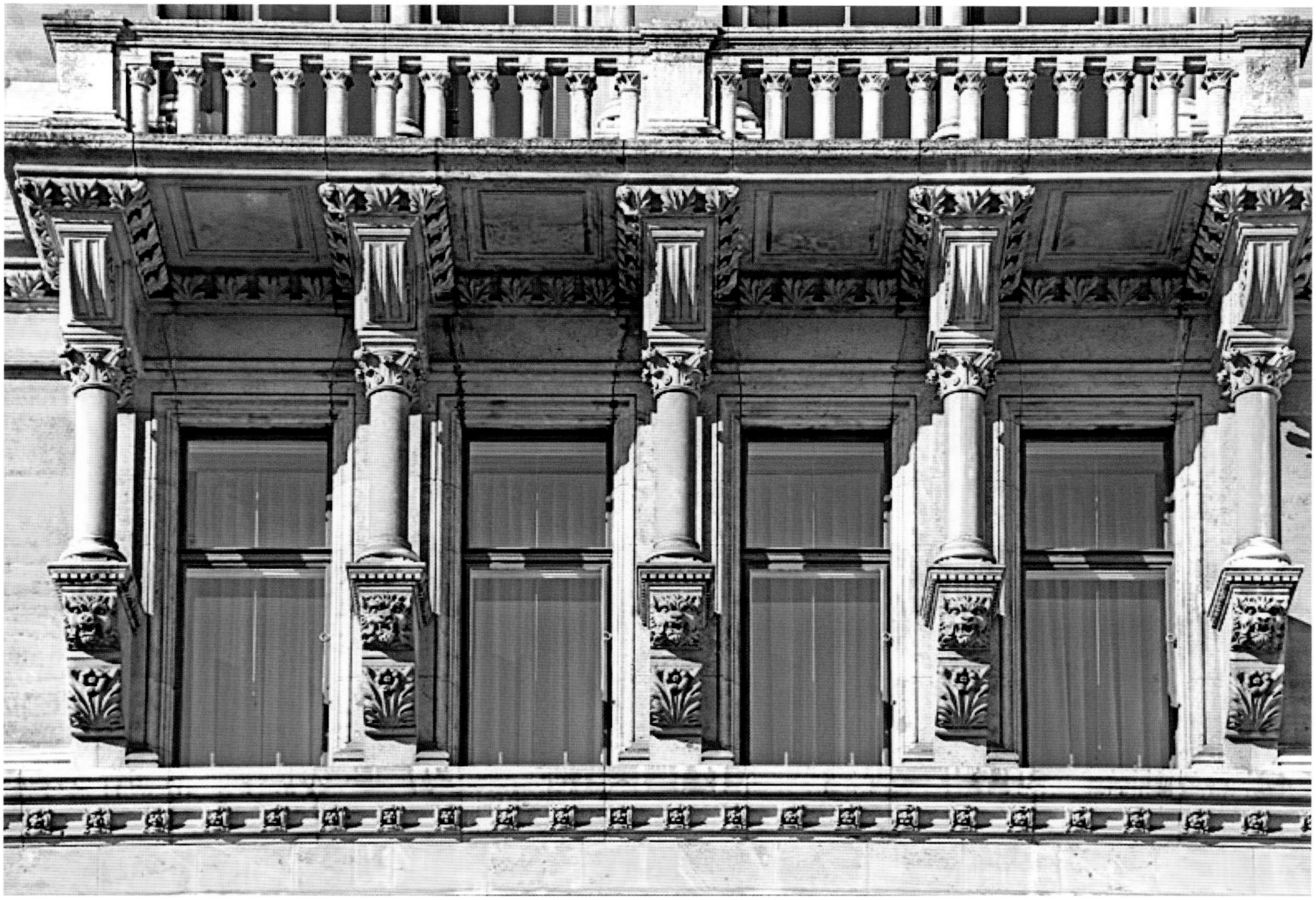

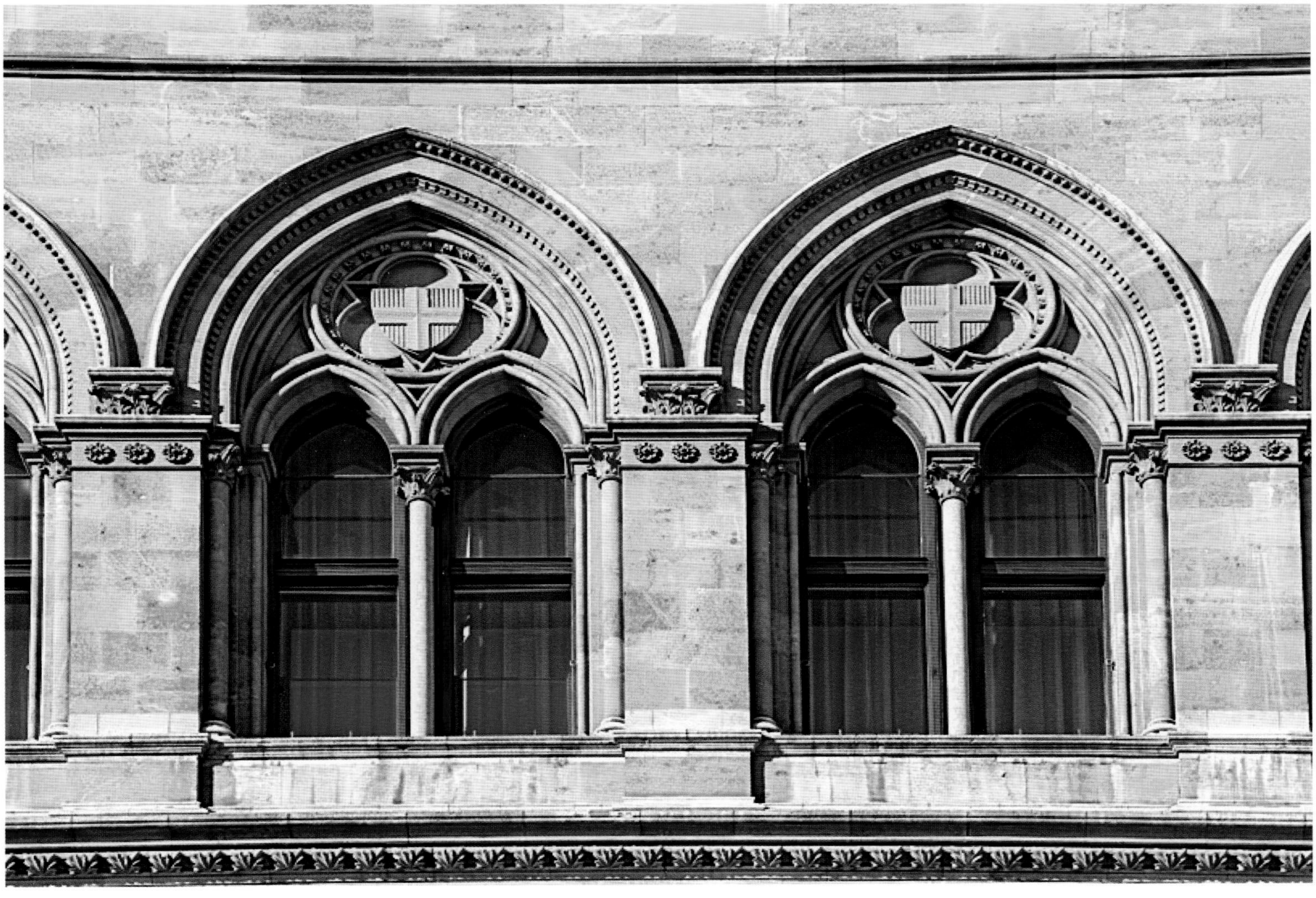

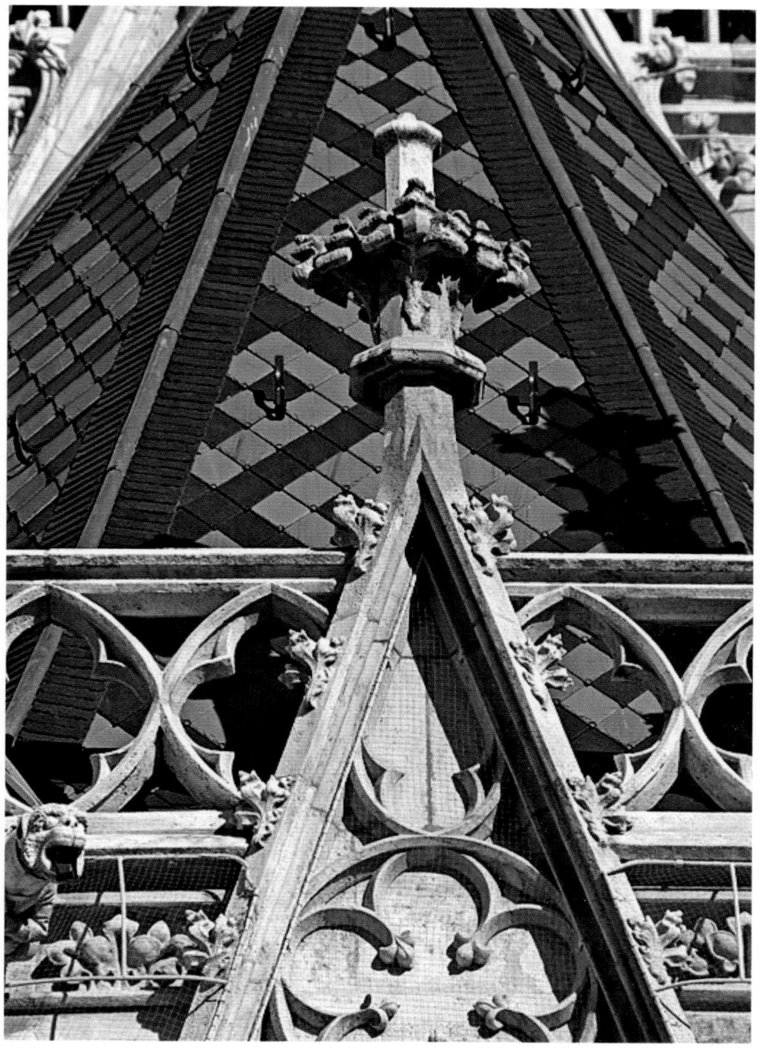

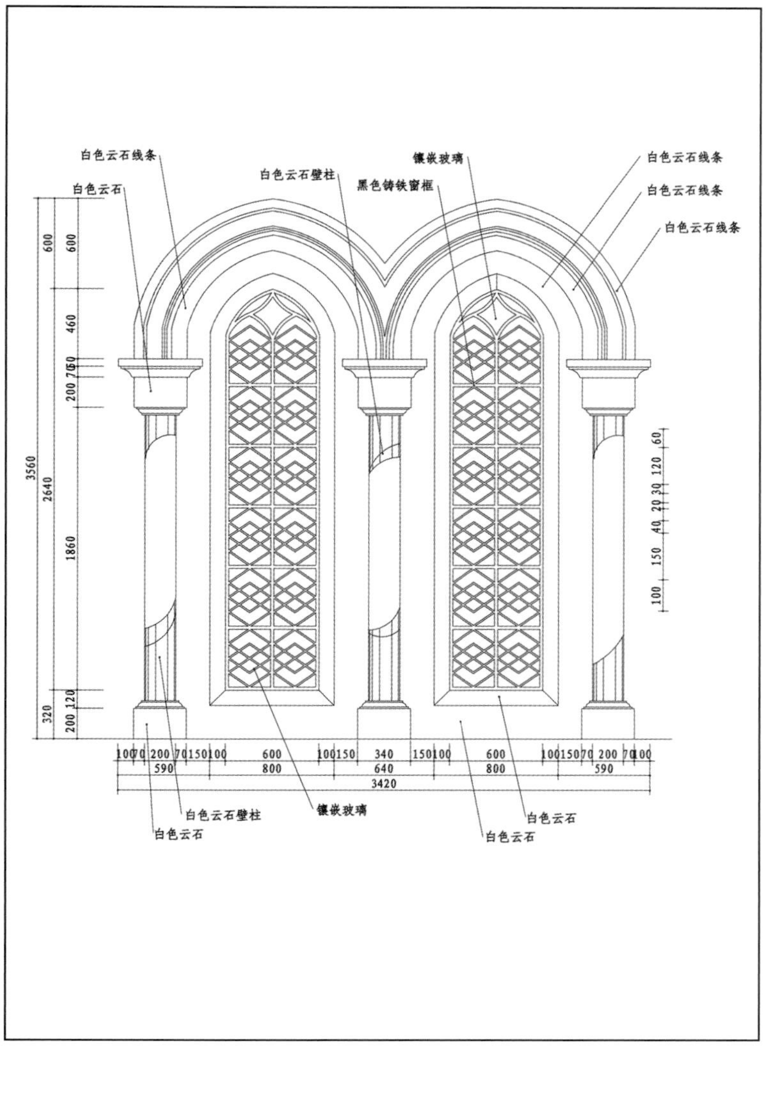
白色云石线条
白色云石
白色云石壁柱
黑色铸铁窗框
镶嵌玻璃
白色云石线条
白色云石线条
白色云石线条
600
600
460
200
3560
2640
1860
320
200
120
60
120
30
20
40
150
100
590
800
640
800
590
3420
白色云石壁柱
白色云石
镶嵌玻璃
白色云石
白色云石

门

门：尖拱形

门与窗一样，都是向上的尖券状，顶上是一个重重叠叠的尖顶。浪漫主义建筑的门在造型和装饰上都较简洁，但也少不了精致细腻的装饰雕刻。门的材质上即使是同一扇门用的材质也不一样、有的上半部分是玻璃材质，配上浓厚的彩绘，下半部分则是木门，雕刻上花朵装饰，总体给人已优雅舒适的感觉。也有颜色暗沉装饰简单的门，门的立面全是灰黑色，刻上简单的条纹作为装饰，使建筑显得沉重而神秘。门上面精美的镂空雕花和花瓣形的窗洞更加彰显了浪漫的欧式风格，既烘托了门又通风采光。浪漫主义建筑的门上也会出现一些人物雕像作为装饰，这些仿哥特式建筑门的设计，使得浪漫主义建筑门的元素更多元化。

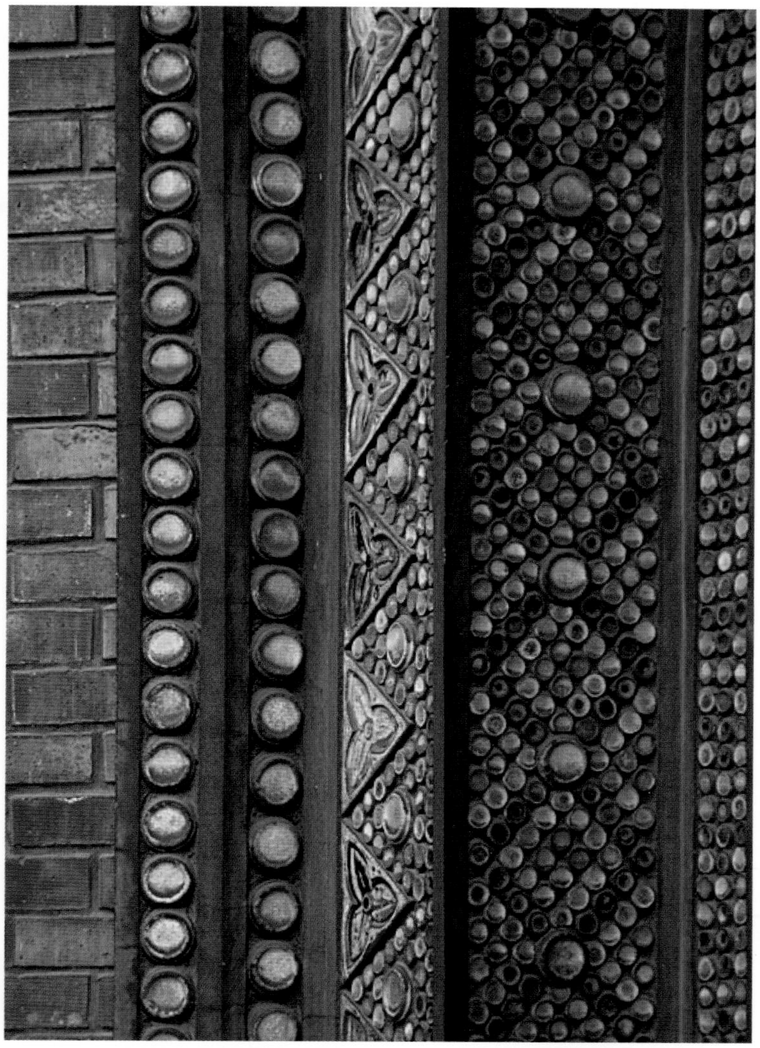

Franz Schmitz

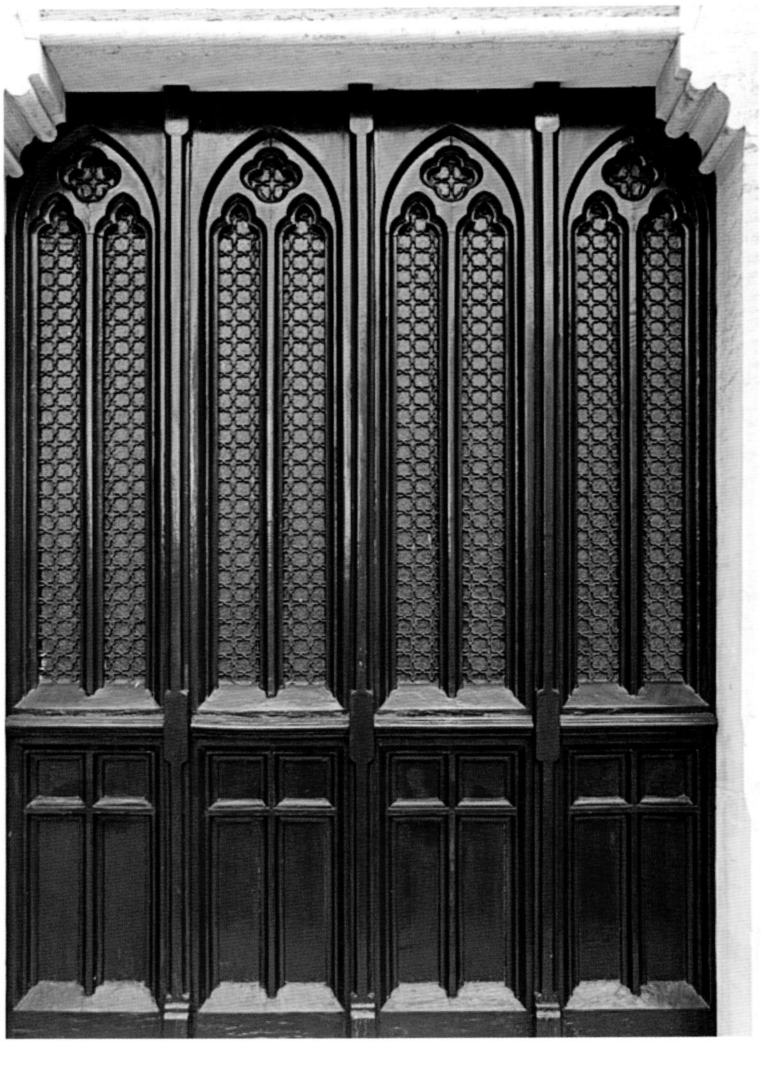

S. MARIA·DE·PERPETVO·SVCCVRSV

S. MARIA·DE·PERPETVO·SVCCVRSV

S. MARIA·DE·PERPETVO·SVCCVRSV

柱

柱：束柱，方柱

浪漫主义建筑的柱与哥特建筑类似，采用由许多小圆柱组成的束柱，细柱与上边的券肋气势相连，增强向上的动势。细柱的柱头由一片片向上弯曲的叶子或涡卷组成，整个呈盛开的花朵状，给人富贵气派的感觉。柱墩或方形壁柱的周围，则是雕刻着一圈花朵、涡卷等装饰，简单却不失贵气。柱础也因不同的柱子而有所不同、但基本遵循五种柱式的模样，有的配上了简单的装饰使柱子立体感加强显得不那么单调空洞，整个建筑整体上更具立体感。

廊

廊：拱廊

浪漫主义建筑中大多使用尖拱。使用尖拱比起半圆拱更实用的地方在于，它在同样的跨度内可以把拱顶得更高，而其所产生的侧推力会更小，塑造了很强的升腾态势，使建筑更加丰满敞亮，整个廊也显得高、直、挺拔。有的廊一边则在墙上安装大面排窗。廊内拱顶装饰着交叉的尖拱券，在交叉处各有花朵装饰，细节上彰显出建筑者的独到眼光。整个拱廊强调垂直感，注重高耸、尖峭，廊道深邃透亮。

拱券

拱券：尖拱，尖券

浪漫主义建筑不管在外部还是在室内，都出都是尖拱和尖券状，其中尖峭的形式是尖券、尖拱技术的结晶。它外观的基本特征是高而直其典型构图是一对高耸的尖塔中间夹着中厅的山墙，在山墙檐头的栏杆大门洞上设置了一列布有凹盒，把整个立面横联系起来在中央的栏杆和凹盒之间是象征天堂的圆形玫瑰窗。有的尖券、尖拱上面又有一排尖券，在交叉处以立柱支撑。与此同时建筑的立面越往上划分越为细巧，形体和装饰越见玲珑。

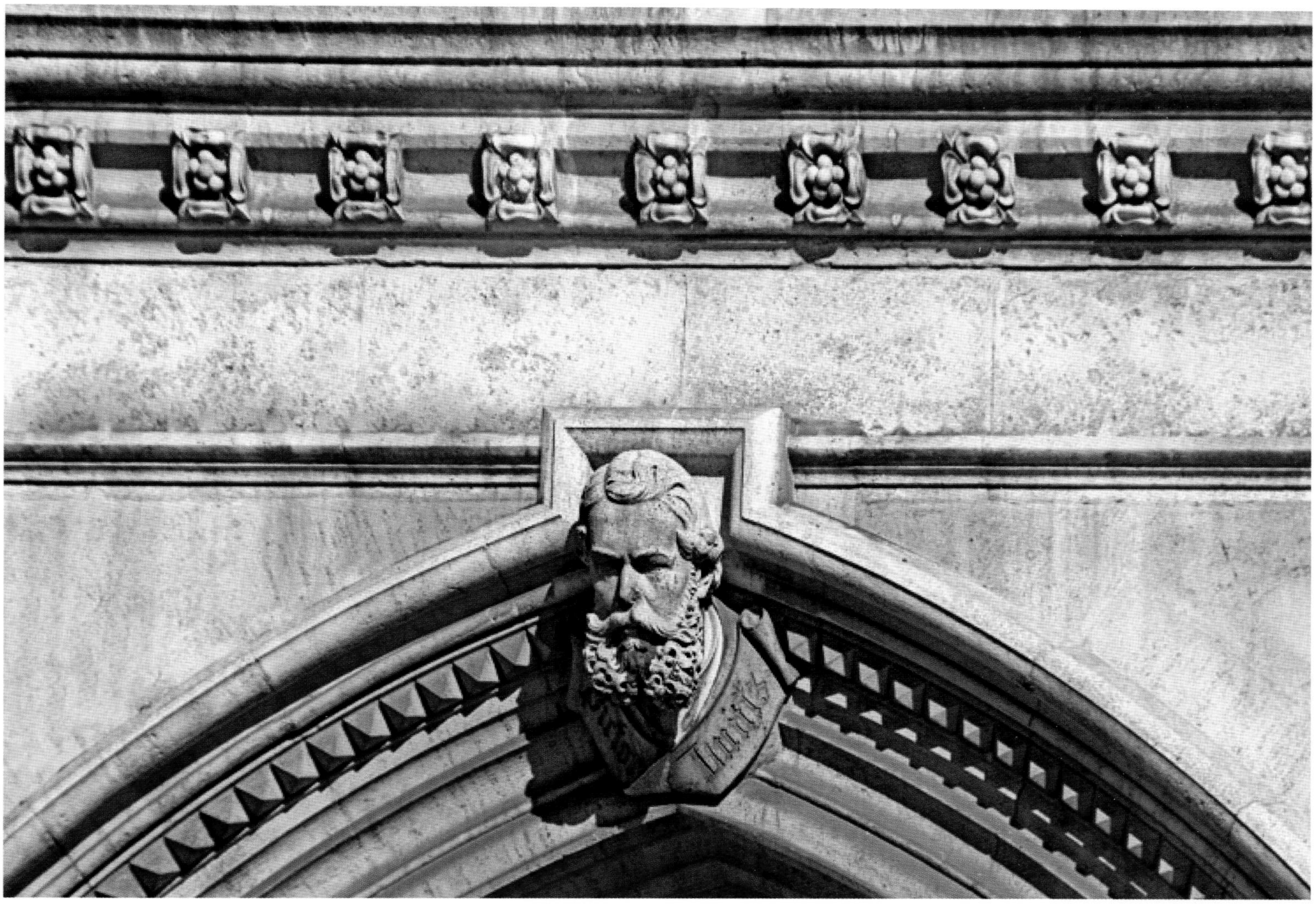

München Information
BERNSTEIN
LADEN
HOUSE of AMBER
RATHAUS
APOTHEKE
PHARMACIE

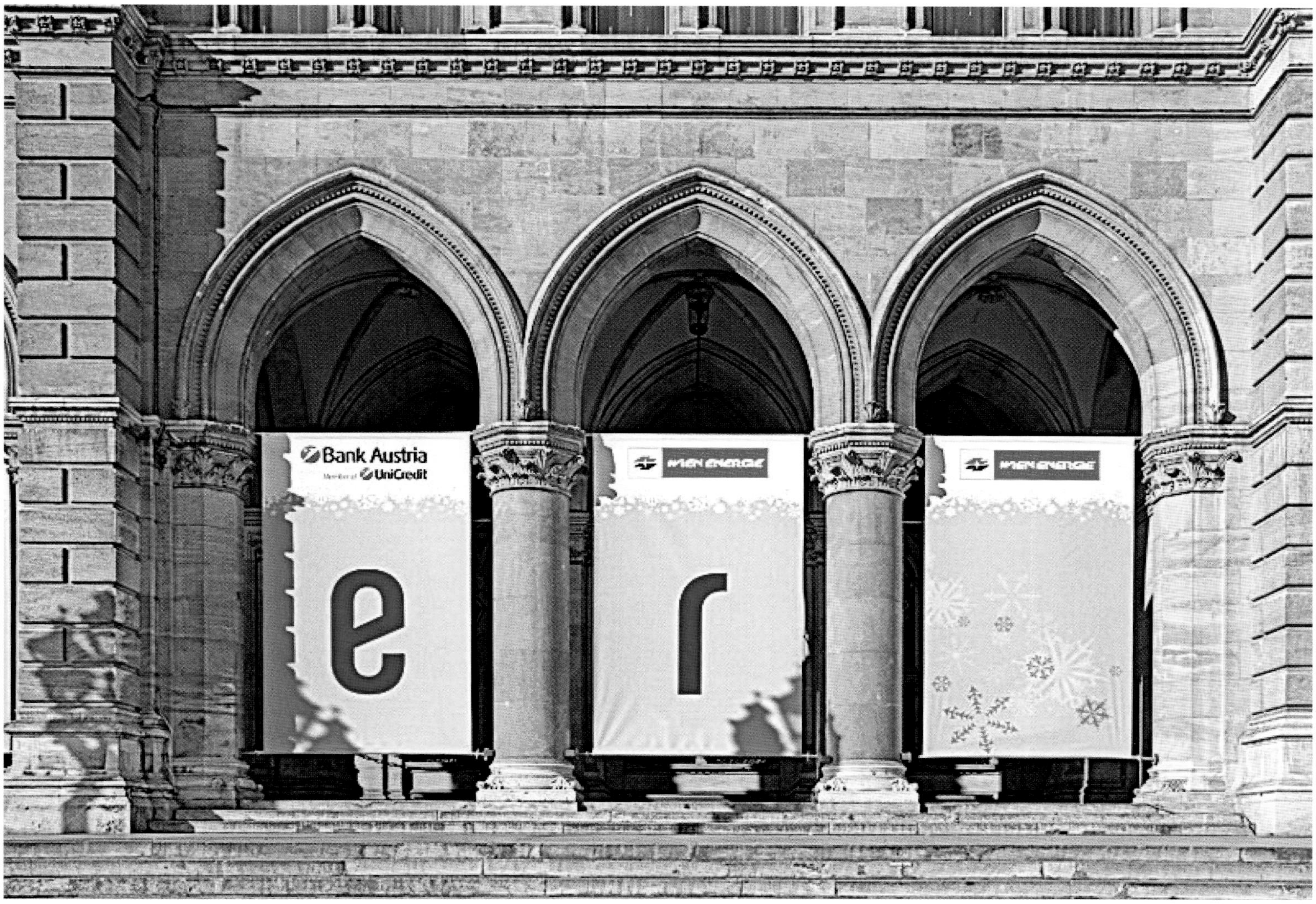
Bank Austria
Member of UniCredit
e
WIEN ENERGIE
r
WIEN ENERGIE

装饰元素

装饰构件：尖塔，钟塔，雕刻

浪漫主义在建筑领域内主要表现就是哥特式建筑的复兴，哥特式风格那种高耸入云的尖塔与钟塔形式成为唤起想象力与神秘感的适当背景。与哥特式建筑一样，装饰存在于浪漫主义建筑的每一处。外立面上无处不在的尖拱、尖券，及在外墙、门、窗户上都雕刻着大量的人物、动物。小尖塔也成为外墙装饰的一部分。扶墙和墙垛上也都有玲珑的尖顶，窗户细高，整个建筑向上的动势很强，雕刻极其丰富。此外还有用尖券和柱子组成的栏杆装饰，也有铁艺栏杆、有成环形的、也有成直线形的等等。浪漫主义建筑也在一定程度上吸收了东方国家的建筑艺术，这样多元化的组合脱离现实的幻想，更加自由奔放且浪漫。

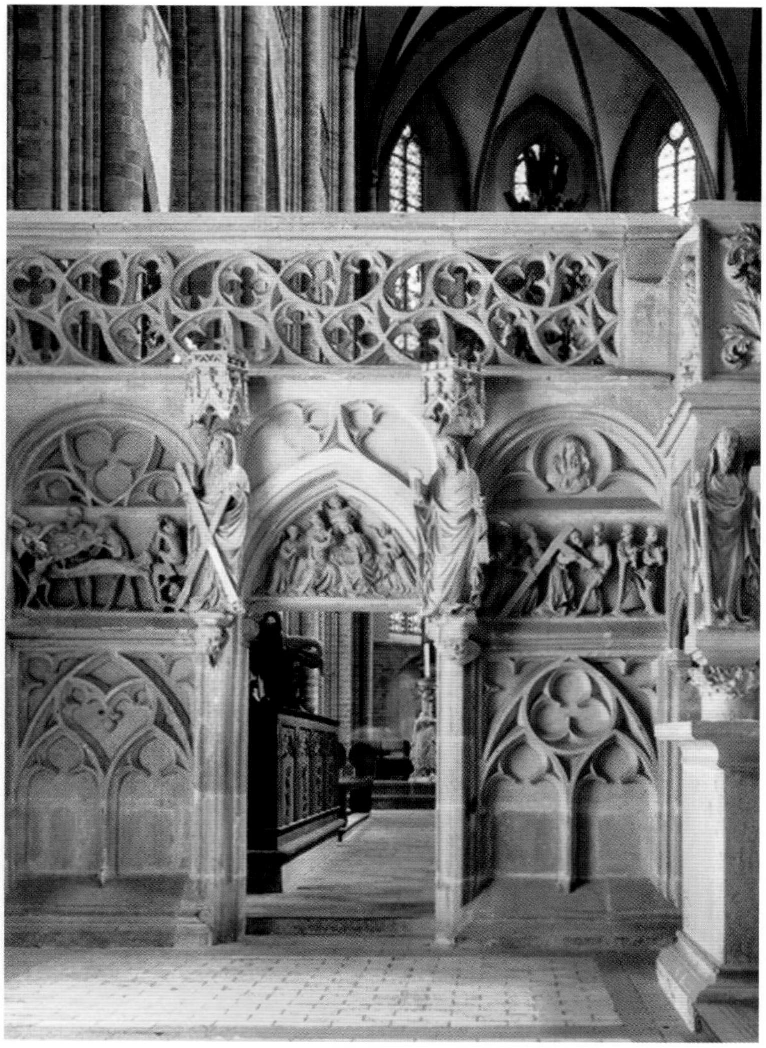

室内空间

室内空间：开阔、明亮

浪漫主义建筑在艺术上强调个性，提倡自由主义，其外观宏伟大气，室内空间也十分宽广。顶部由铁骨架运用帆拱式的穹隆构成，下面以铁柱支撑。铁制结构减少了支撑物的体积，使内部空间变得宽敞和通透，结构也显得灵巧轻盈。圆的穹顶和弧形拱门起伏而有节奏，给人以强烈的空间感受。同时，为了保留对传统风格的延续，在适当的部位做了古典元素的处理，如铁柱的下部加了水泥柱基；在拱门上做了一圈金属花饰环带给人以强烈的空间感受，每换一个角度，空间感受又不一样，有的墙壁上布满了雕像彩绘或鲜花，豪华绚丽金碧辉煌真可谓是步移景异。

EXIT

GLORY TO
GOD IN
THE HIGH

PEACE
GOOD WILL
TOWARD MEN

FLAGLER

ECLECTICISM
折衷主义建筑

《欧洲古典建筑细部》

ARCHITECTURE

折衷主义建筑

（时间：公元19～20世纪）

概貌

折衷主义是一种哲学术语，源于希腊文，意为“选择的”，“有选择能力的”。后来，人们用这一术语来表示那些既认同某一学派的学说，又接受其他学派的某些观点，表现出折衷主义特点的哲学家及其观点。它把各种不同的观点无原则地拼凑在一起，没有自己独立的见解和固定的立场，只把各种不同的思潮、理论，无原则地、机械地拼凑在一起的思维方式，形而上学思维方式的一种表现形式，它的应用领域十分广泛。
折衷主义建筑是19世纪上半叶至20世纪初，在欧美一些国家流行的一种建筑风格。折衷主义建筑师任意模仿历史上各种建筑风格，或自由组合各种建筑形式，也称模仿主义建筑。他们不讲求固定的法式，只讲求比例均衡，注重纯形式美。
随着社会的发展，需要有丰富多样的建筑来满足各种不同的要求。在19世纪，交通的便利，考古学的进展，出版事业的发达，加上摄影技术的发明，都有助于人们认识和掌握以往各个时代和各个地区的建筑遗产。于是出现了希腊、罗马、拜占廷、中世纪、文艺复兴和东方情调的建筑在许多城市中纷然杂陈的局面。
折衷主义建筑在19世纪中叶以法国最为典型，而在19世纪末和20世纪初期，则以美国最为突出。总的来说，折衷主义建筑思潮依然是保守的，没有按照当时不断出现的新建筑材料和新建筑技术去创造与之相适应的新建筑形式。

特点

不讲求固定的法式，只讲求比例均衡，注重纯形式美。

代表

巴黎歌剧院，是一座位于法国巴黎，拥有2200个座位的歌剧院。巴黎歌剧院是世界上最大的抒情剧场，总面积11，237平方米。歌剧院是由查尔斯加尼叶于1861年设计的，其建筑将古希腊罗马式柱廊、巴洛克等几种建筑形式完美地结合在一起，规模宏大，精美细致，金碧辉煌，被誉为是一座绘画、大理石和金饰交相辉映的剧院，给人以极大的享受。是拿破仑三世典型的建筑之一。

CHOREGRAPHIE
ACADEMIE NATIONALE DE MUSIQUE
POESIE LYRIQUE

Grandpalais

ZVR·NEVEN·BVRG

REX

SIMUM

REX

ZVR NEVEN BVRG

VR NEVEN BVR

NEVEN

BUNDESRAT

SUN DECK GRILL

Bräustüberl

墙

墙：厚实，大理石墙，砖墙

折衷主义的墙有砖墙，也有大理石墙，颜色各异。砖墙墙体有古典低调的灰色，也有明亮的彩色，大部分的墙都会有简单的线条装饰，有些还刻意留有砍凿的痕迹，更显粗犷、厚重，整体给人感觉不突兀，不别扭，反而舒服自然。而大理石墙体，则立面光滑通透，十分细腻。在墙脚处也会有简单的线脚，有的在靠近门或窗户边上有涡卷装饰，营造出优雅清新又不失贵气的效果。

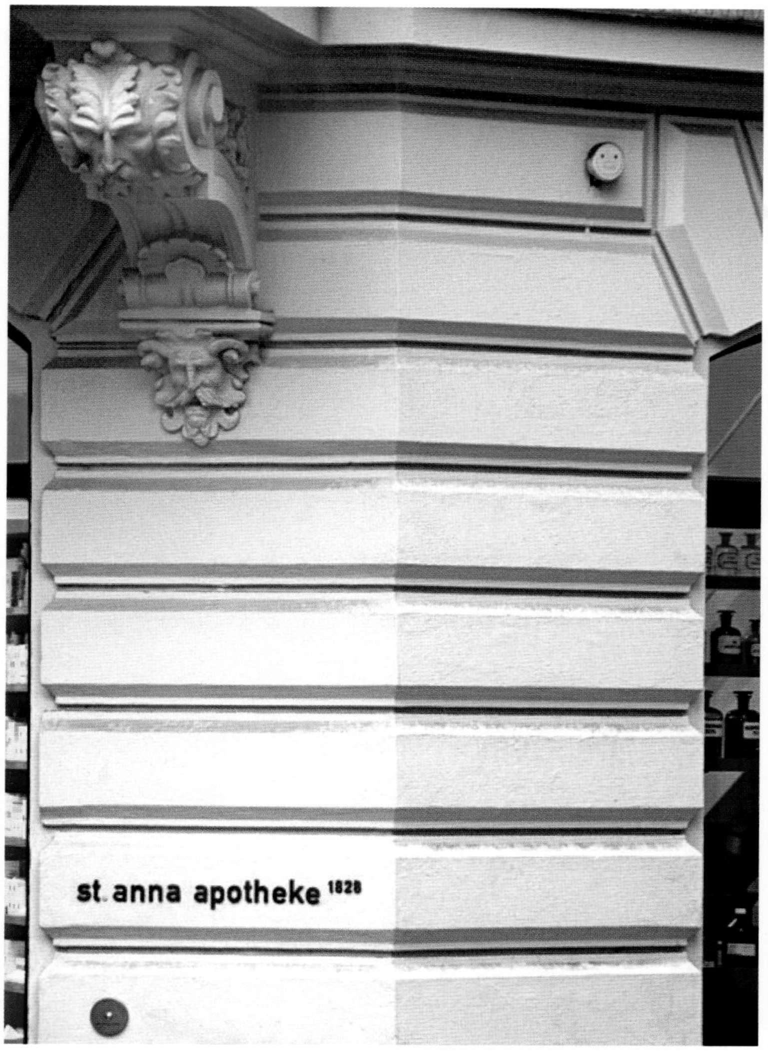
st.anna apotheke 1828

窗

窗：拱券窗，矩形窗

折衷主义建筑的窗造型各异，总体上分为圆拱形和矩形窗户，有的两个或三个以上为一组。连续的拱券窗富于韵律感，错落有致，形体鲜明。窗间用双柱做细部雕饰，典雅大方。矩形窗户古朴雅致，窗楣处加以流畅弯曲的巴洛克线条，简单大方，注重对称的风格，且与建筑本身的功用密切相关。折衷主义的窗户风格各异，多元化的元素依据个人喜爱融合各种装饰色彩更是相得益彰。

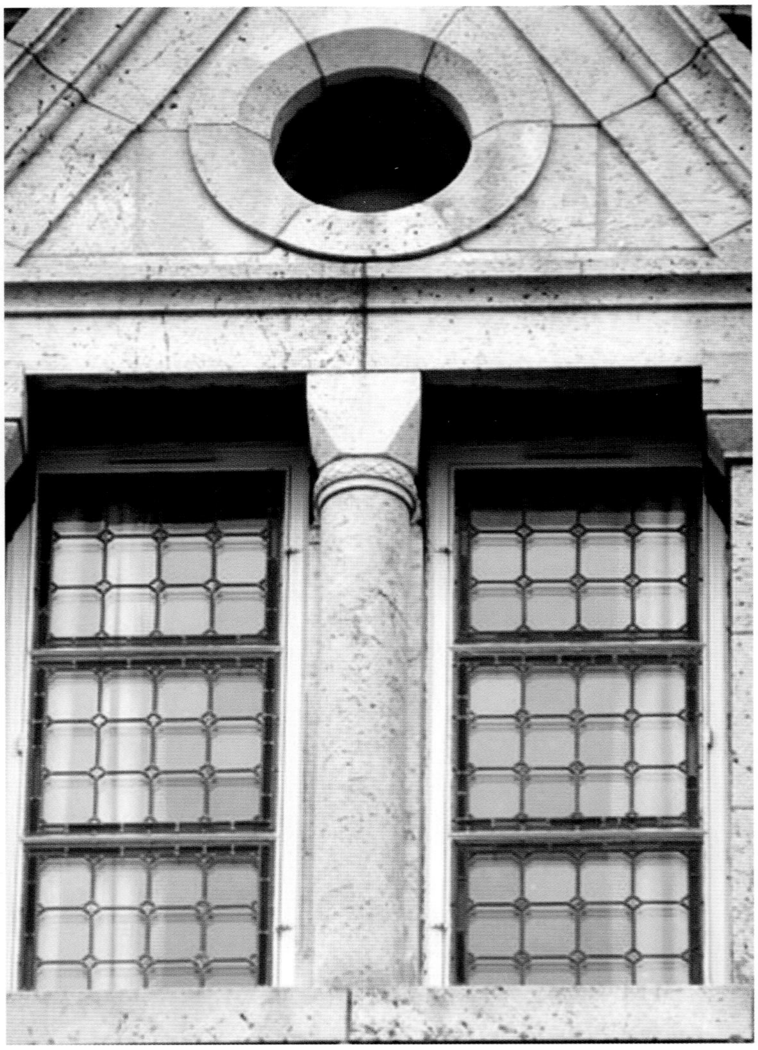

A

A
L'opérateur culturel

A

A

L'opérateur culturel

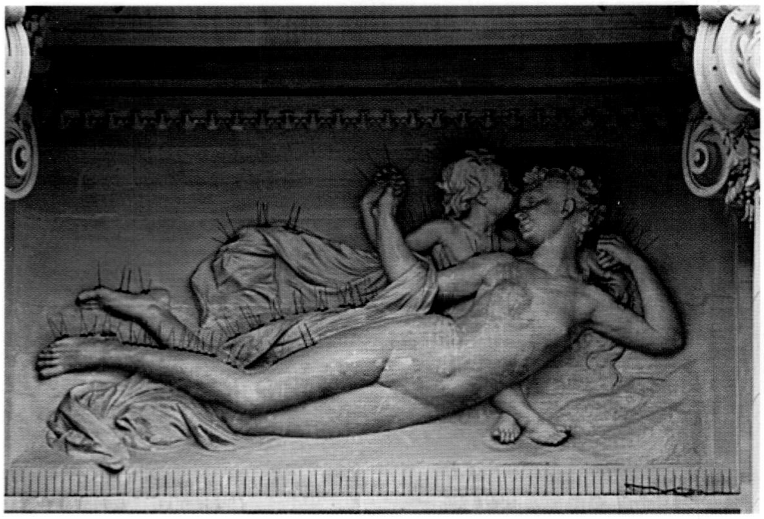

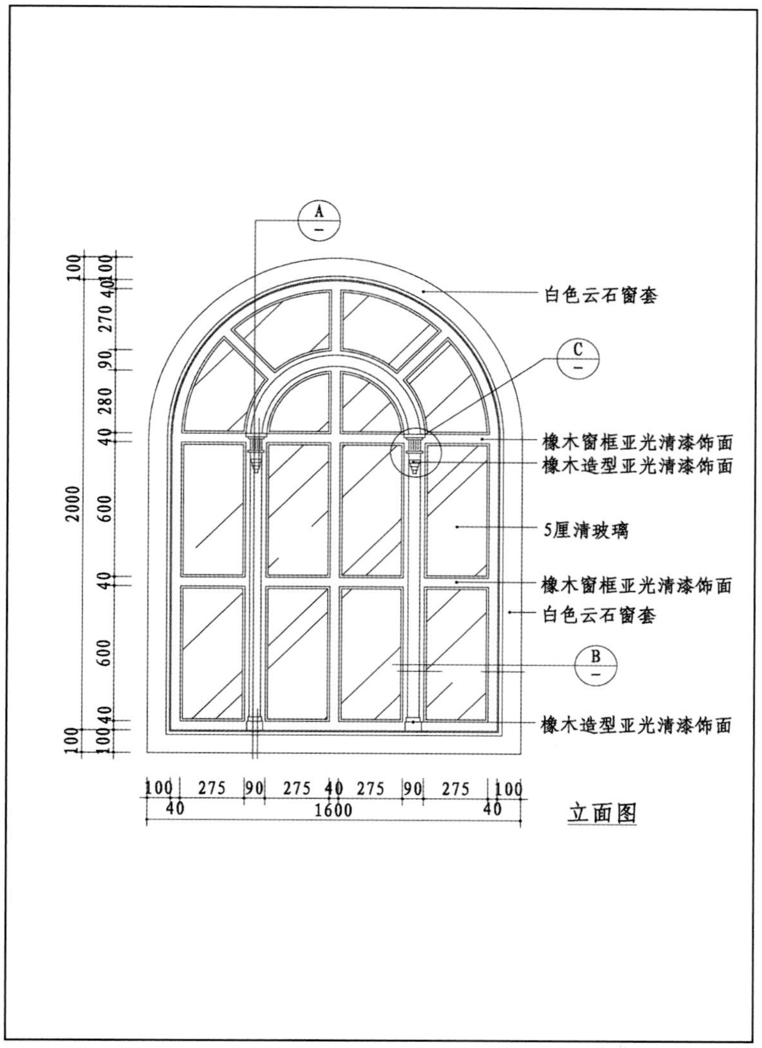
A
C
B
白色云石窗套
橡木窗框亚光清漆饰面
橡木造型亚光清漆饰面
5厘清玻璃
橡木窗框亚光清漆饰面
白色云石窗套
橡木造型亚光清漆饰面
100 100 40 270 90 280 40 600 40 600 40 100 100
2000
100 275 90 275 40 275 90 275 100
40 1600 40
立面图

CH.AMBERGER

CH.AMBERGER

门

门：圆拱门

折衷主义建筑的门以圆拱形为主，有木门、铁门、铁艺门等。门上的装饰也是各不相同。木门上的装饰较简洁，主要是简单的条纹装饰。在门的顶上还会有尖券或圆券，上面布满了花纹、人物、动物雕刻栩栩如生。有的木门还搭配了玻璃或铁艺。玻璃门大方简洁，玻璃门体上通常会配上花朵装饰，也有波浪或涡卷等。而铁艺门风格典雅，有的是圆拱形，上面还会有三角形山墙做作为装饰。铁艺门上的装饰相对玻璃门、木门上的装饰种类更加繁复多样。

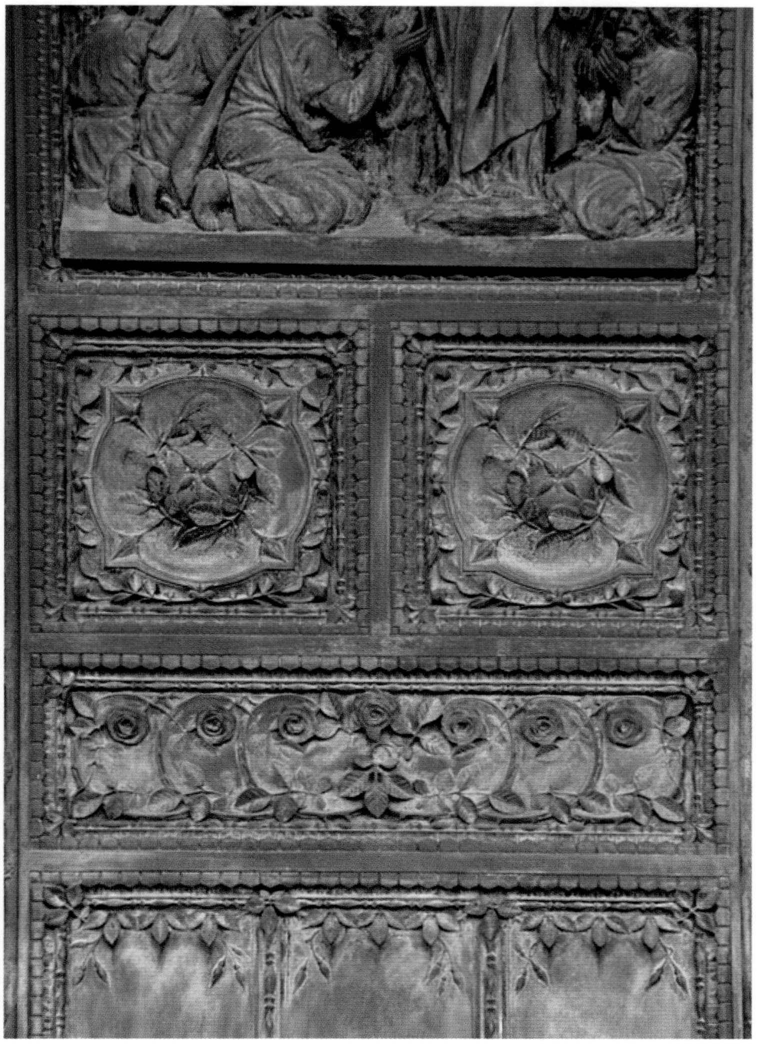

LOCATION

29 JANVIER 2011
FRANCESCA DA

J

J

J

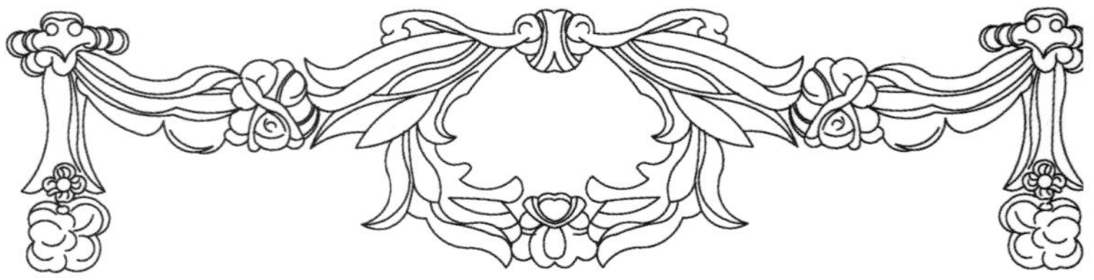

PREFECTURE DE POLICE

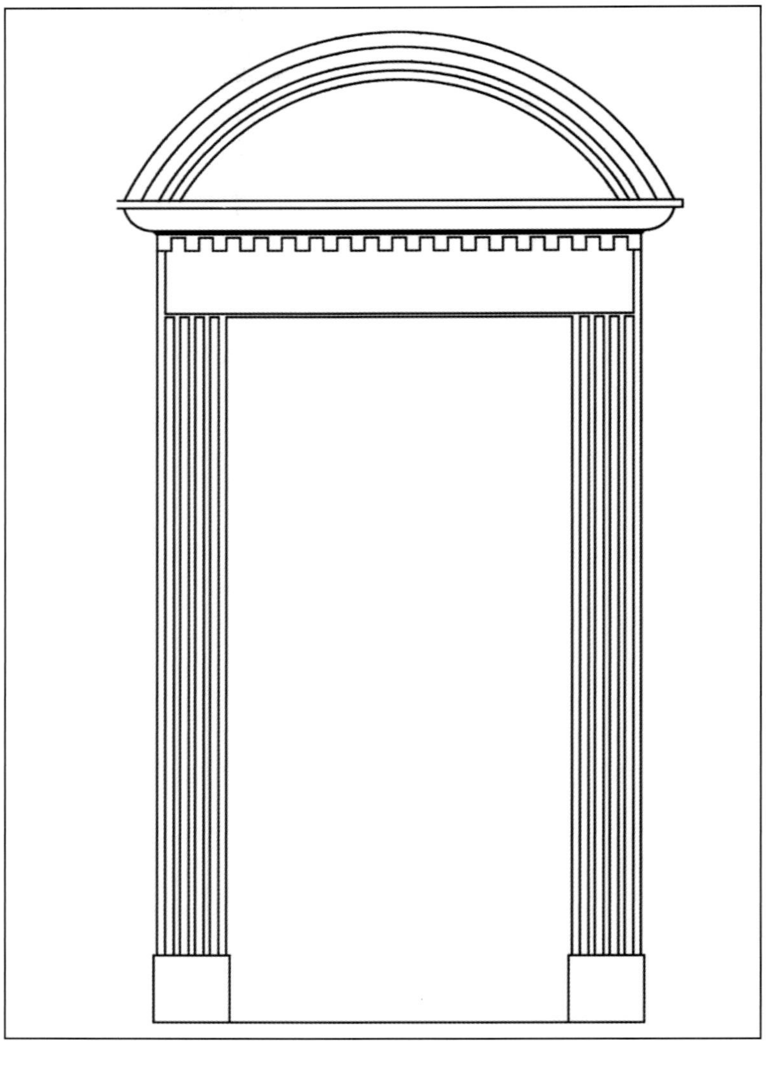

Jägerhaus

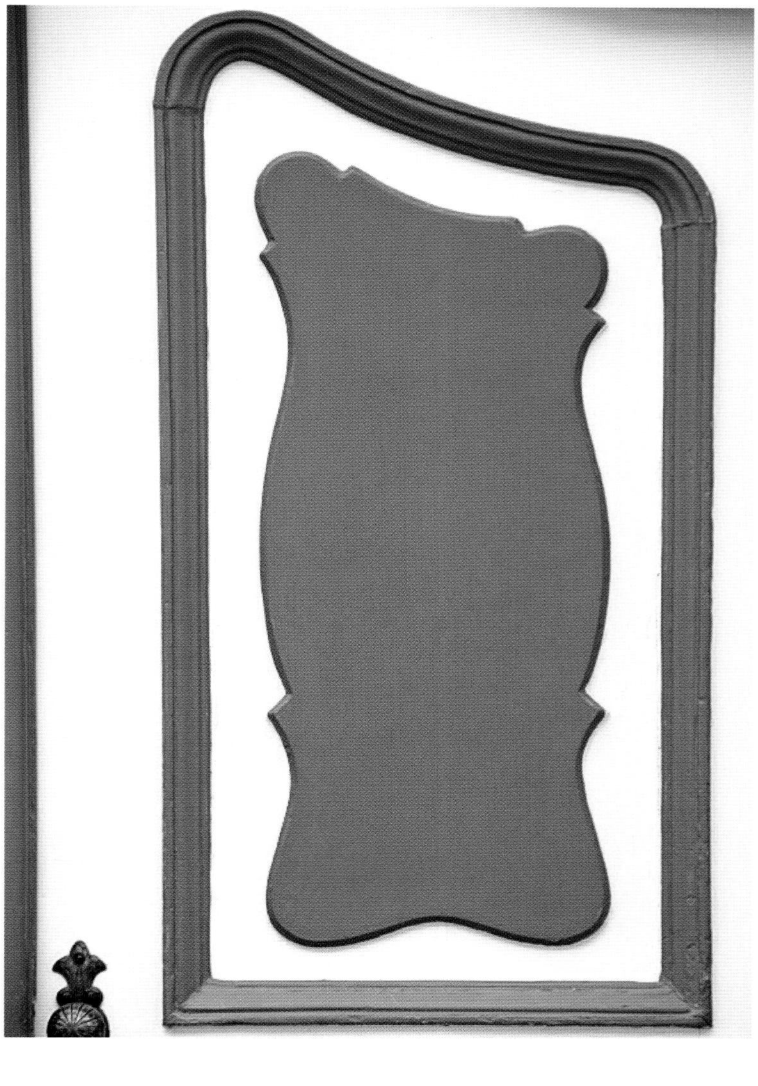

BMZ

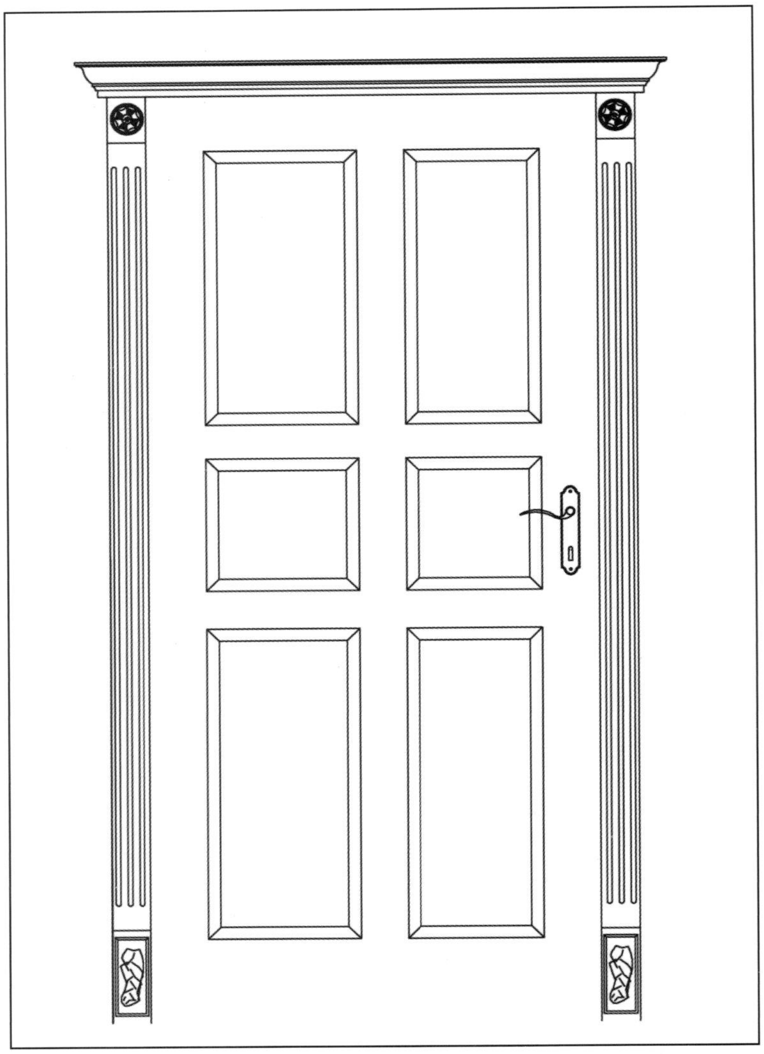

大门立面

柱

柱：圆柱

折衷主义建筑也会采用古希腊或古罗马的柱式，如多立克、爱奥尼和科林斯柱式。柱子一般都是建立在阶梯上，有的柱头是个倒圆锥台，装饰简洁。有的柱头有一对向下的涡卷装饰外形比较纤细秀美，富有曲线美。而有的设计者借鉴了爱奥尼柱式的一叶纹装饰，而不用爱奥尼柱式的涡卷纹。毛莨叶层叠交错环绕，并以卷须花蕾夹杂其间，看起来像是一个花枝招展的花篮被置于圆柱顶端。 柱础的装饰也各不相同，有的柱础或中间位置刻上了花纹装饰，有的则相对简洁，明快、大气，无过多装饰。

POESIE
1799 · HALEV

1851

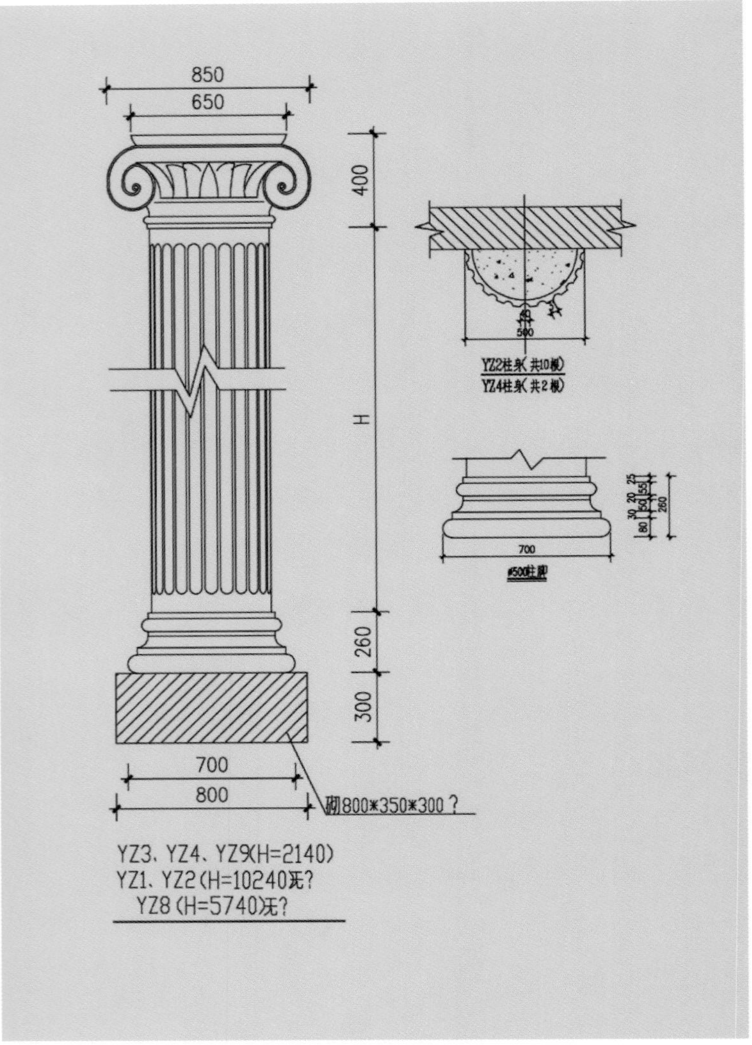

850
650
400
H
260
300
700
800
砌800*350*300？
YZ3、YZ4、YZ9(H=2140)
YZ1、YZ2(H=10240)无？
YZ8(H=5740)无？
40
500
YZ2柱身(共10根)
YZ4柱身(共2根)
25
55
20
50
30
80
260
700
ø500柱脚

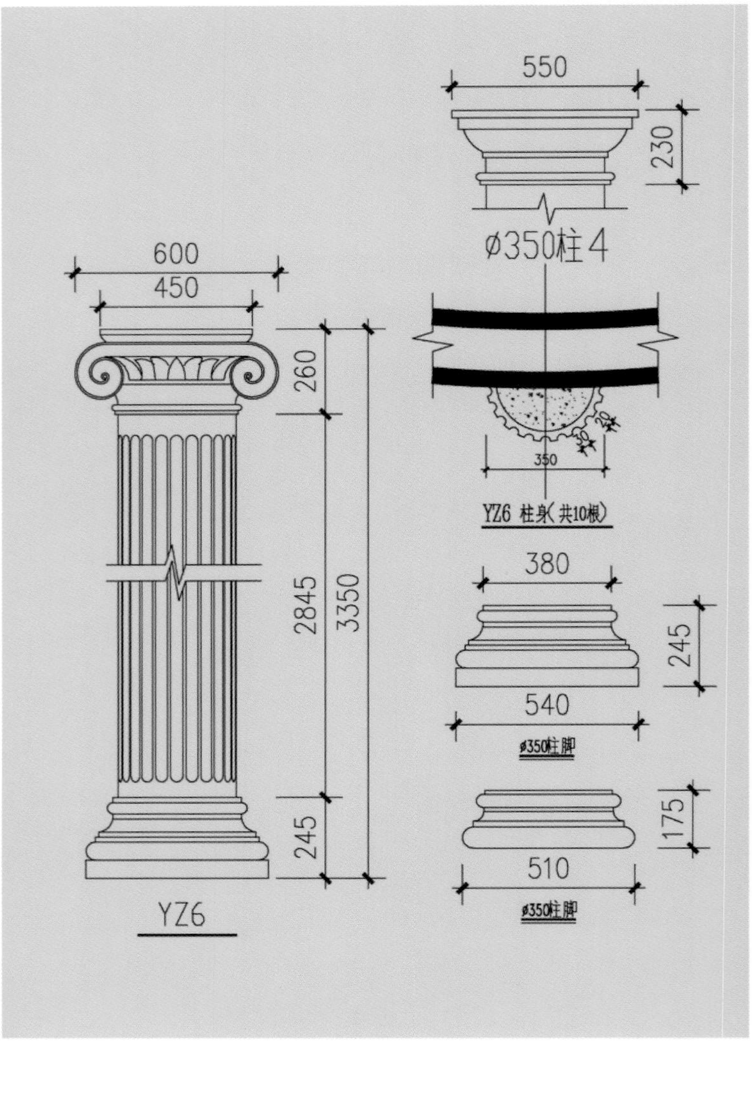

550
230
ø350柱4
600
450
260
2845
3350
245
YZ6
350
YZ6 柱身(共10根)
380
245
540
ø350柱脚
175
510
ø350柱脚

廊

廊：拱廊、柱廊

折衷主义建筑采用古罗马的拱廊，平面简单，立面是连续的拱廊组合，形式简洁，拱顶为简单的花纹装饰。从走廊外看去，柱子上满是连续的大拱券，蔚为壮观。拱顶有些是巨大的弯顶，并配以肋拱装饰。边上还有细致的花纹或涡卷装饰。支撑大穹顶的是方形大柱墩，也有细柱组成的束柱。折衷主义建筑的拱廊塑造了很强的圆拱态势，整个廊也显得宽敞。有的建筑外的楼梯整体上看简单古朴、颜色单一，但整体造型不一。有的则讲究两边对称、有的则呈曲线形，给人已流畅的美感。

拱券

拱券：半圆形拱券

有的折衷主义建筑采用罗马式的圆拱券。半圆形的拱券为古罗马建筑的重要特征。它除了竖向荷重时具有良好的承重特性外，还起着装饰美化的作用。其外形为圆弧状，由于各种建筑类型的不同，拱券的形式略有变化。有些拱券在墙上起装饰作用，有些则起支撑作用，如用以支撑大穹隆顶得拱券。也有尖形拱券，两个或三个为一组，中间以柱子支撑。也有单个的拱券，周围有人物雕像或花纹装饰。还有些券是双层的，且每层支撑的柱子都不一样，有巨柱也有细柱。

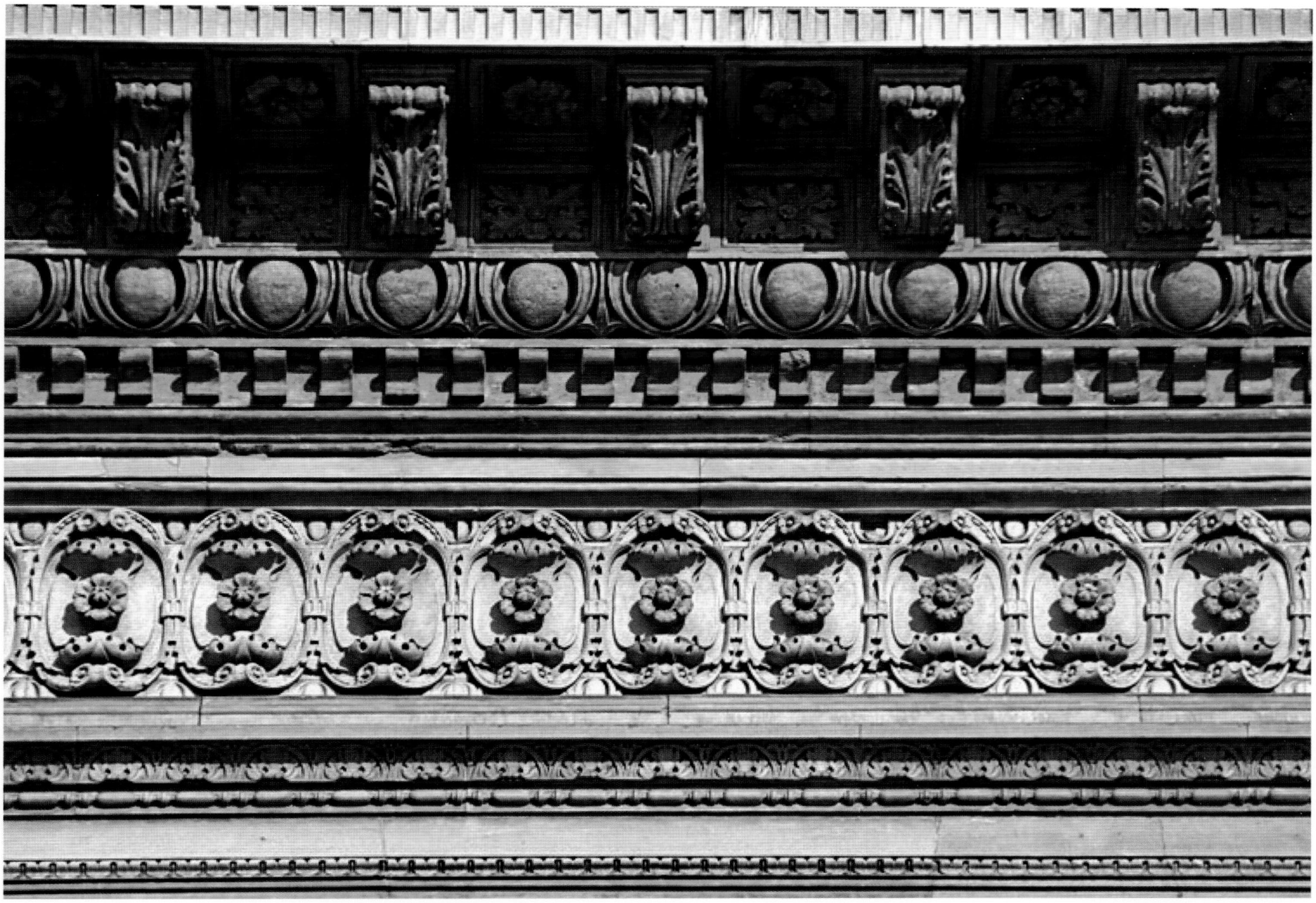

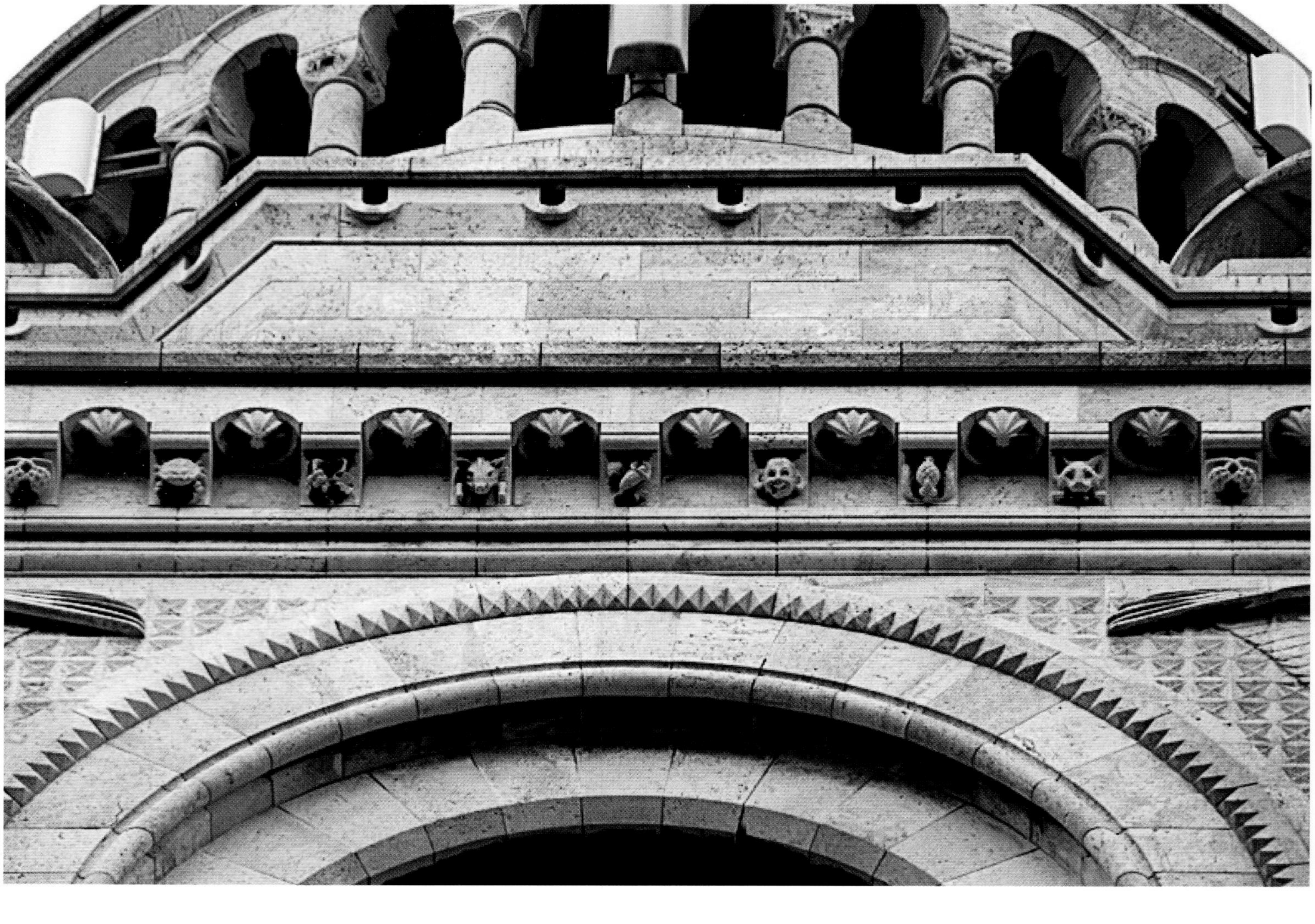

16

装饰元素

装饰构件：山花，色彩，绘画，雕饰

折衷主义建筑拼凑不同的风格元素，有的简洁，有的则华丽。有的折衷主义建筑在装饰上采用巴洛克建筑风格，室内装饰则将绘画、雕饰、工艺集中于装饰和陈设艺术上，这种样式具有过多的装饰和华美浑厚的效果。在建设上实现美感，而不受风格的约束，自由随性的组合各种建筑类型、或拼凑不同的风格的装饰。典雅中透着高贵，深沉里显露豪华，具有很强的文化感受和历史内涵。

GEWIDM. v. JOHANN
u. CÆCILIA SCHREINER 1907

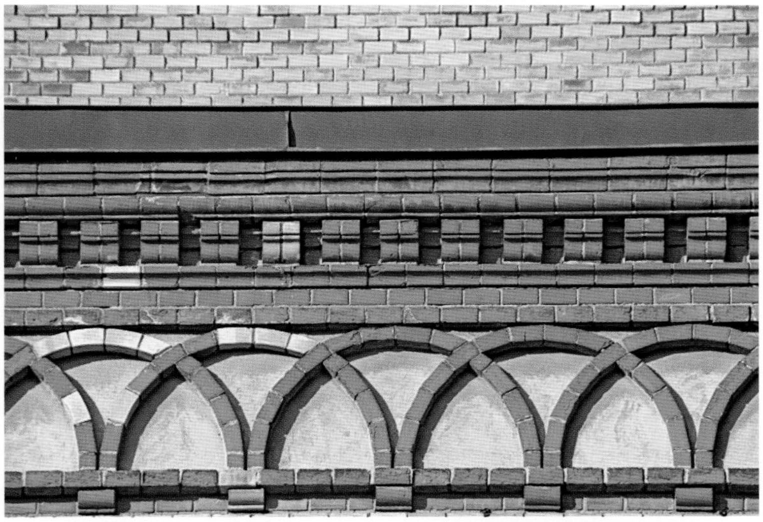

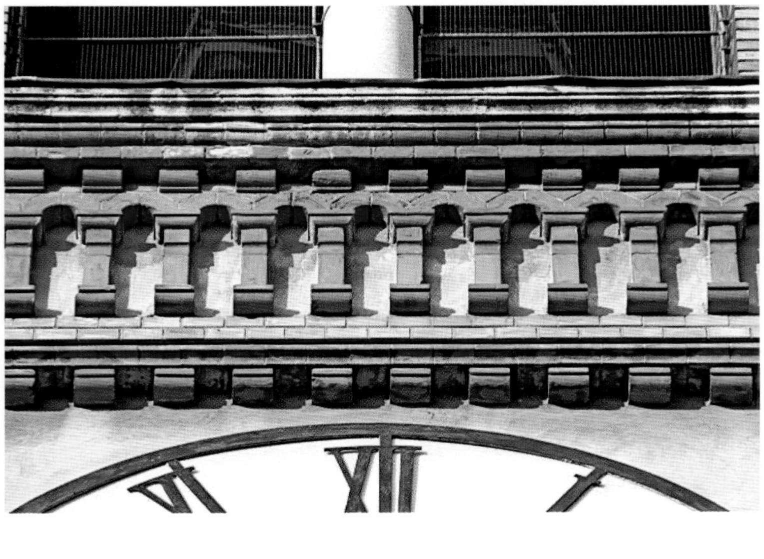

N

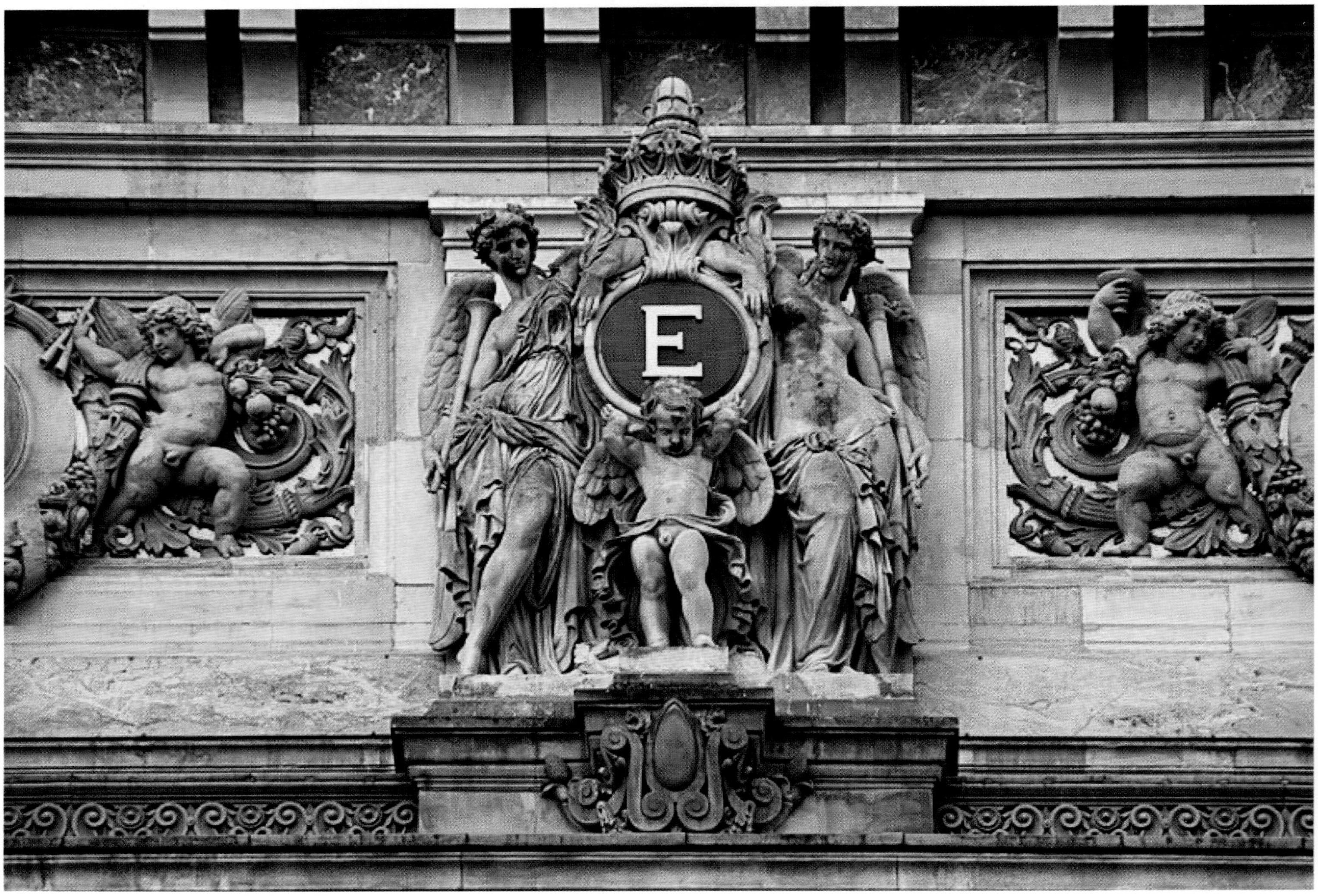
E

NATIONALE · DE
1756·MOZART+1791

SCULPTURE
PEINTURE
POESIE LYRIQUE

PHOTOS
Pierre
lexandra Boulat

SOUS LA HAUTE DIRECTION
DE J. BOUVARD
DIRECTEUR DES SERVICES D'ARCHITECTURE
DE L'EXPOSITION UNIVERSELLE DE 1900
CH. GIRAULT, ARCHITECTE EN CHEF
DES DEUX PALAIS DES CHAMPS ELYSÉES
LE GRAND PALAIS
DES BEAUX-ARTS
A ETE CONSTRUIT
DE 1897 A 1900
PAR LES ARCHITECTES
HENRI DEGLANE
ALBERT THOMAS
ALBERT LOUVET

ERRICHTET VON
FRANZ JOSEPH I. 1888

室内空间

室内空间：博采众长，自由组合

折衷主义建筑的室内空间选取历史上的各种风格，博采众长，予以自由组合，追求空间的舒适，且空间的造型比任何一时期都要随意。有在圆券和肋拱下创造出来的宽阔深邃的空间，也有在尖券结构下高直狭长的空间。室内装饰大多以浮雕、壁画和镶嵌画为主。每一种风格都让人感觉优雅舒适，且大方华丽。各种建筑也因其功用不同而空间大小及装饰也不同。如罗马样式由欧洲长方形会堂的教堂发展而来，加厚了罗马拱形建筑的墙壁，建筑厚壁所产生的庄重美感，以及教堂建筑窗户少，室内很暗而造成内装饰浮雕、室内雕塑的神秘感，此为其艺术特色。
墙面装饰多以展示精美的法国壁毯为主，以及镶嵌大型的镜面和大理石，线脚重叠的贵重木材镶边板装饰墙面等。色彩华丽给人已强力的视觉冲击，以直线与曲线协调处理的猫脚家具和其他各种装饰工艺手段的使用，构成室内庄重、豪华的气氛。

PRADA
PRADA
PRADA

LOUIS VUITTON

LOUIS VUITTON
SAVINI